人工智能大揭秘

（下册）

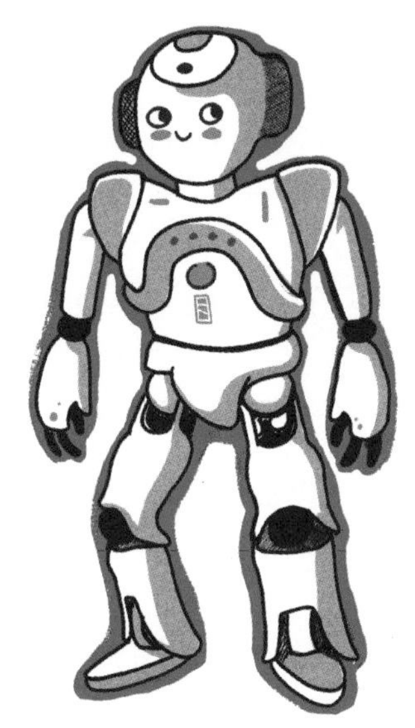

［意］特尔莫·皮埃瓦尼　［意］费德里科·塔迪亚　著
［意］克里斯蒂娜·波托拉诺　绘
张　谊　张羽扬　译

河南科学技术出版社
·郑州·

备案号：豫著许可备字-2022-A-0097

图书在版编目（CIP）数据

人工智能大揭秘. 下册 / (意) 特尔莫·皮埃瓦尼，(意) 费德里科·塔迪亚著；(意) 克里斯蒂娜·波托拉诺绘；张谊，张羽扬译. —郑州：河南科学技术出版社，2023.3
ISBN 978-7-5725-1055-7

Ⅰ. ①人… Ⅱ. ①特… ②费… ③克… ④张… ⑤张… Ⅲ. ①人工智能-青少年读物 Ⅳ. ①TP18-49

中国国家版本馆CIP数据核字（2023）第023625号

出版发行：河南科学技术出版社
地址：郑州市郑东新区祥盛街 27 号　　邮编：450016
电话：（0371）65788613　65788642
网址：www.hnstp.cn
策划编辑：孙春会
责任编辑：孙春会
责任校对：耿宝文
封面设计：张　伟
责任印制：张艳芳
印　　刷：河南新达彩印有限公司
经　　销：全国新华书店
开　　本：787 mm × 1092 mm　1/16　**印张**：4.5　**字数**：95 千字
版　　次：2023 年 3 月第 1 版　2023 年 3 月第 1 次印刷
定　　价：69.80元（全2册）

如发现印、装质量问题，影响阅读，请与出版社联系并调换。

好奇心是生命的燃料。

——皮耶罗·安吉拉（Piero Angela）

向我们最爱的“智人”——莱昂纳多（Leonardo）、卢卡（Luca）、朱莉娅（Giulia）、埃多阿尔多（Edoardo）和亚科波（Iacopo）致敬！

关于作者

特尔莫·皮埃瓦尼（Telmo Pievani）

进化论者、科学哲学家，在帕多瓦大学生物系任教，开设了生物学哲学、生物伦理学和自然主义传播等课程。他主要从事研究、写书、策展和举办科学节的工作。他是专门从事进化研究的门户网站“Pikaia”的负责人。

费德里科·塔迪亚（Federico Taddia）

记者、作家、主持人，他向来喜欢向年轻群体深入浅出地讲授复杂的知识。他在广播、电视、网络、学校、剧院等领域都从事过相关工作。他凭借《最强大脑》（*Teste Toste*）一书赢得国际安徒生奖。

两人一起合著了《为什么我们是母鸡的亲属？》和《无用的雄性》；在Dea Kids（意大利电视频道名）电视频道上推出了电视节目《大爆炸！进化之旅》，并与Osiris（乐队名）乐队一起，在巡回演出中把科学带进剧院，搬上荧幕。此外，两人还在24号电台一同普及本书涉及的专业知识。

引言

最好的答案应该能给人以启迪

“最好的答案应该能给人以启迪！”这句话是不是很耐人寻味？你们知道这是谁说的吗？这句话是我们的朋友玛格丽塔·哈克（Margherita Hack）说的。她是一位非常优秀的科学家，同时也可能是这个世界上最不修边幅的人。她在每个答案中寻找问题，《人工智能大揭秘》由此诞生。起初，它是一个广播节目，现在成为一本书。《人工智能大揭秘》为我们呈现了一场穿越时间的旅行，一场通往未来的旅行。这场旅行，我们正在路上。触摸屏、显示器、语音助手、无人机、自动驾驶的太阳能汽车等的出现让我们的生活越来越智能，越来越便利。现实可以超越一切幻想，自然总是会创造出超出我们想象的事物。我们决定从身边的事物开始讲起，同时我们也会发现，其实我们对身边的事物仍然所知甚少。为此，我们采访了科研领域中的众多领军人物（科学家、研究员），尝试了解他们研究的内容、工作的情况、筹备的项目，探寻他们每天如何满足自己的探索欲。我们收集了专家的录音，在24号电台推出了一档节目，并在Audible（意大利广播电台）上制作了播客。由于他们讲述的内容实在太过精彩，因此我们想更深入地了解这些话题，并在这里分享给你们。

“科学”是一个美好的词语，因为它涵盖所有知识，使我们可以通过实验、观察和推理来了解自然界的现象，探索未知的事物。科学是一种观察世界的方式，而且，随着时间的推移，随着知识的积累，我们心中的疑惑会只增不减。

“技术”也是如此。一提到技术，我们立即会联想到发明机器（如机器人、仪器或计算器）的能力。人们通过发明机器来改变世界，帮助我们完成日常工作、处理繁重的工作，甚至帮助我们完成前所未有的壮举（比如登月、探索火星）。在这本书中，你会发现，我们会频繁提及某些词汇，比如**“灵感”**。灵感是文化发展的基础，它可以变成一项发明、一次创新、一种思想、一个概念、一种理论、一个假设或一种观点。灵感诞生之后，会在代代相传中不断演变。

或许我们用**“进化”**一词来表述更加准确。这一词汇概括了不断变化、多样性发展的宏阔自然史，这部历史就像一棵大树。在38亿年的时间里，这棵树不断成长，形成了地球极具多样性的生物体系，而这些生物也有各自生存、繁衍的方式与策略，以适应不断变化的环境。我们人类便是这棵树的一个分支，而科学和技术则教会我们如何在不破坏自然的情况下更好地生活。

还有**“道德”**，它意味着在做出可能对周围人的生活产生影响的决定时，我们要对自己的言行负责，对他人和环境负责，也要对子孙后代负责。那么这一切与芯片、电路、算法、软件和蒸馏器，又会有怎样的联系呢？

通过书中不同专家充满激情的探索和日复一日的努力，你们很快就会明白它们之间的关系。如果你时常听见自己发出“哇！！！”的感叹，那么，这就是惊喜的感觉。在很多时候，科学家在寻找某些东西时，常常会有意想不到的发现。或许正在阅读这本书的你们，也会有相似的境遇。

惊喜之余，我们发现某件事与我们的预期大相径庭，让我们感到惊讶，甚至震惊，意识到自己对许多事情还缺乏了解。而在此之前，我们甚至没有意识到自己的无知！这会迫使我们用不同于以往的方式去思考。简言之，惊喜会使我们成长，让我们更好地生活，让我们与自己、与他人、与地球和谐相处——这便是科学和技术的核心。

特尔莫·皮埃瓦尼（Telmo Pievani）

费德里科·塔迪亚（Federico Taddia）

目录

我们与意大利理工学院的生物学家、工程师、研究员，微型生物机器人中心主任**芭芭拉·马佐莱**（Barbara Mazzolai）聊了聊植物机器人。

植物机器人
真的存在吗？

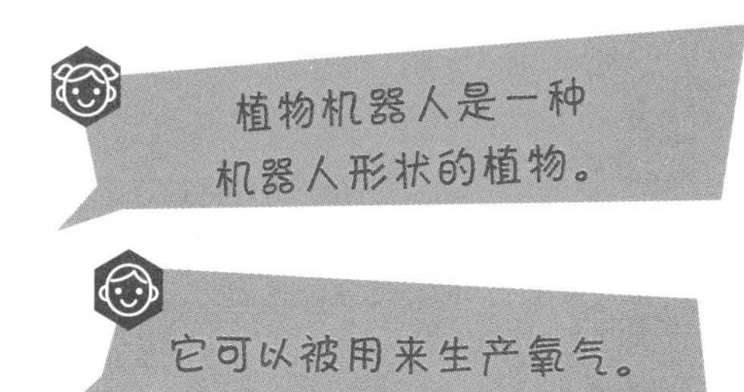

我们在很多电影中都看到过这样的场景：一艘宇宙飞船在火星上着陆，宇航员们怀着激动的心情登陆。然而，在几年后，或许会出现另一番景象：宇宙飞船在外太空降落，而登陆的却是一群奇怪的植物机器人，其树干由生物塑料制成，叶子能够进行人工光合作用，根部能够扎进地面自行生长。

它们属于新型专业机器人。

在未来的世界里，可能会出现类似植物的机器人，它们能够模拟植物在土壤中的生长。机器人身上配备了可以探测土壤的特殊传感器，用以寻找水或矿物质。我们可以为它们编程，命令它们攀爬至高处或挤进最狭小的缝隙里，寻找瓦砾下的伤员。它们将是十分特殊的机器人，会像自己的灵感来源——植物一样自行生长。最重要的是，我们能从它们身上学到许多东西。通过模仿自然界的生物，我们总是能学到一些关于自然的新知识。

阳台上的“类植物”

配备传感器的根部可以探索地面，避开石块，
向各个方向伸展。

● 植物机器人真的存在吗？它们到底是什么？

植物机器人确实存在！它们是“类植物”，与自然界中的植物非常相似：它们的根、茎、叶与生长在地面上的植物相差无几。但最关键的一点是植物机器人的根部主要用于探索地面，例如在沙漠地区寻找水源。在未来，植物机器人还可能被用于在其他星球上寻找新的生命形式。

● 如果将一个植物机器人拆开，会在里面发现什么？

植物机器人树干内有电子装置，即运行马达和有各种齿轮的装置，还有一个线轴（呈线团状）以及连接树枝和树叶的电线。植物机器人会根据受到的外部刺激（如空气中的湿度）四处移动，记录并处理来自周围环境的信息。因此，我们可以说，植物机器人内部装有一些组件，这些组件给了它生命力。

● 它们吃什么？这些机器人靠吃什么来生长？

人类由出生时的婴儿逐渐长大，最终停滞于成人的形态。而植物则有所不同：它们不断给自己供给“养料”，一生都在生长。植物机器人也是以同样的方式生长的。你可以联想一下我们缓慢抽出毛线球的线，用它来织毛衣的过程——机器人也会以同样的方式生长，只不过，机器人的“毛线球”是塑料材料制成的，这些材料经过加热，一层一层地制作出机器人的整个身体。而在机器人根部还配有微型3D打印机，可以让它的根部不断伸展。因此，机器人会不断生长，它的形态也会随之变化。

“植物机器人不只与环境互动！任何人都可以通过计算机设备与它交流。”

——芭芭拉·马佐莱

植物机器人朝下生长还是朝上生长？

植物机器人的根就像我们熟悉的植物的根一样，也会向下生长。它们遵循重力规则，深入地下并为植物提供支撑，这是至关重要的。

植物机器人的根就像自然界的植物的根一样，它能够寻找水源，能够巧妙地避开障碍物，比如石头；此外，它还能够搜寻农业或其他领域的所需原料。植物之所以开创了各种各样的适应方法，是因为它们无法自行移动。虽然它们看上去静默无声、一动不动，但是实际上，它们也会彼此交流、逐渐生长，从一处生长延伸到另一处。植物机器人也是如此，虽然它的树干一直保持原状，但它会不断生长，将根伸向更远的地方。

植物机器人的行为与我们了解的植物一样吗？叶子会不会脱落？会不会散发气味？

植物机器人的根不断生长，但是它们的叶子不容易脱落。机器人的枝叶也可以像植物的一样，因空气湿度不同而不断移动。机器人本身没有气味，不过或许有一天，它们也可以散发出某种味道。

需要每天给它们浇水吗？

最好不要，至少在目前看来，植物机器人不需要浇水。

有一天我们会有花朵机器人、昆虫机器人吗？

已经有昆虫机器人了！有的昆虫机器人会飞、体态娇小；还有一些跑得飞快，就像蟑螂一样。第一批花朵机器人已经被创造出来了，现在爬藤植物机器人也处于研发阶段……

那么，有一天，会不会有昆虫机器人为植物机器人授粉呢？

我们可以设想这样的未来。当然，设计这类机器人的最终目的是为人类服务：它们必须美观且实用。

思考

植物机器人的根部和树干部分看起来与真正的植物别无二致。但是，植物的叶子能够进行光合作用，这一堪称能源效率方面的奇迹的诞生，可以追溯到20亿年前：一种微小的生物——蓝细菌“发明”了光合作用。此后，所有陆地植物都纷纷效仿。它们从太阳那里获取能量，用来分解水，产生还原氢，再从空气中吸收二氧化碳，并释放氧气，以此生成滋养植物的糖分。

如果我们能够学会利用光合作用，就能产生充满太阳能的分子，我们若将这些分子储存起来，就能解决许多问题。

然而遗憾的是，在实验室中再现光合作用相当困难。到目前为止，我们只能再现几个步骤。奇怪的是，我们聪明的人类竟然无法模拟一株罗勒的光合过程。这是因为，罗勒植物拥有非常悠久的历史：植物已经经过了数十亿年的学习，而我们现代人类在20多万年前才出现，所以说，“类植物”正在给我们上一堂关于进化、关于谦逊的课！

灵光一现

寻找光明！

所需物品

一个无盖的纸鞋盒
黑色水笔
一把裁纸刀
一个可以装在鞋盒里的小罐子
适量松软的土壤
两颗可培育的豆子

1 将两颗豆子种于装有土壤的罐中。然后，在大人的帮助下用裁纸刀在鞋盒的一侧裁出两个“窗户”。用水笔将整个鞋盒（包括外部和内部）涂成黑色。用鞋盒盖住罐子，如此一来，罐子就只能接受从“窗户”照射进来的阳光。

2 几天后，两颗豆子将发芽并开始生长。定期给幼苗浇水，但需注意一点，浇水后一定要用鞋盒盖住罐子。

3 随着时间的推移，你会注意到：幼苗总是向小窗的光线照射的区域生长，它们甚至会沿着这一区域向外伸展。科学家把这一现象称为趋光性，即植物会向着光线充足的那一侧生长。

4 观察一下，植物究竟会选择哪扇“窗户”：它们会不会都偏向同一扇“窗户”？你可以通过画图来追踪它们的生长路径。

3 关于植物机器人要记住的3件事

- 植物机器人是拥有不断变化的形态且持续生长的机器人。
- 植物机器人不需要浇水。
- 植物机器人没有气味，但它们有“智能”的叶子和根。

我们与罗马特雷大学工程系的电磁场教授**菲利贝托·比洛蒂**（Filiberto Bilotti）聊了聊隐形的问题。

隐形斗篷
真的存在吗？

我可以穿上隐形斗篷，晚上悄悄溜进朋友家。

隐形斗篷并不存在，因为人类还没有进化到足以掌握它的制作方法。

爱因斯坦也曾想过发明隐形斗篷，但他没能做到。

我觉得不可能存在隐形斗篷，因为如果它的外层是透明的，那里面的人岂不是全都露出来啦？无论如何它都没法做到完全透明！

唯一能隐形的东西只有变色龙！

我们可能都曾幻想拥有隐形的超能力，用它来寻开心。在自然界中，许多动物可以自行隐形，当然它们是在经过了数百万年的进化之后，才能够隐形。

人也曾试图隐形。

但是，对于人而言，要做到这一点非常困难。因为光无处不在，它四处游走，而且还会反射。

为了实现这一梦想，我们需要以一种全新的方式操纵、调整光线，施一个障眼法，让眼睛相信面前没有任何东西。

还有一种实现隐形的方法，不过需要一种能使光线弯曲的材料，它会让我们眼皮子底下的物体，看起来像消失了一样。

利用同样的原理，我们还可以制造出能隐形的物体：有些物体能够让雷达探测不到；有些物体“没有触感”（触摸或摩擦它们时，人不会有任何感觉）。这是一种巧妙运用了特殊材料的“奇幻魔术”。

我们是怎么看见物体的？

我们主要借助光来看见物体。光线照射到物体上，一部分被吸收，而另一部分被反射。我们之所以能够看到周围的环境，是由于光线的反射。一个物体的颜色，取决于该物体反射的光在真空中一个振动周期内传播的距离（也被称为波长）。

例如，一个绿色的物体会反射绿光波长，以此类推，不同的颜色会反射不同的波长。如果一个物体吸收了所有照射到它身上的光线，那它就会变黑；如果它反射了所有颜色（红橙黄绿蓝靛紫），那它就会变白。

我们原本看得见的物体可以隐形吗？

其实是可以的。这要归功于近几十年的科学创新和超材料的发展。

这些人造材料会以一种反常的方式，将照射到它们身上的光反射出来。我们可以给一个物体涂上超材料，消除它对光的反射作用。物体和涂层本身是可见的，但当它们结合在一起时，就会变“透明”，达到让人看不见的效果。

“不可见的材料不会反射或吸收光线。比如，一块做工精良的透明薄玻璃，其实也是不可见的。”

——菲利贝托·比洛蒂

那么，会不会有一种利用超材料的特性制成的隐形斗篷？

我们的确可以制作隐形斗篷。但是也有很大的局限：我们只能让一个拥有平均身高和身材的人，在把他涂满同一种颜色的情况下（比如说纯绿色），让他隐形。这种限制与我们使用的材料的“缺点”有关，因为这种材料本身无法反射其他颜色的光。

新发现能够克服这一限制吗？

近年来，科学正在逐渐超越人类的想象力。各个实验室目前正在研究如何通过指令控制超材料的反射，使它更加智能化。从理论上讲，如果能够克服目前的技术限制，就可以创造出真正的隐形斗篷。

超材料会给人带来危险吗？

超材料绝不会带来危险，它不会

我能看见你，又看不见你

超材料具有特殊的结构，能够弯曲光线，使我们能看到物体背后的东西，而看不见物体本身。

对人类健康造成任何影响。穿着它，就像穿着一件由人造材料而非天然纤维制成的衣服一样。它不会发出危险的电磁辐射。

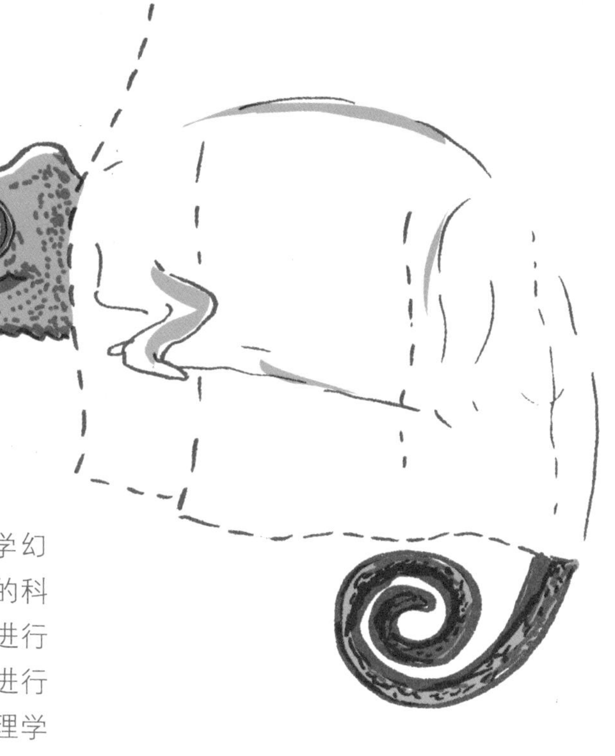

这似乎与魔术、光学幻觉没有太大区别……

人们常常把光学隐形和光学幻觉相混淆。实际上，隐形有系统的科学理论基础，科学家从理论角度进行研究，然后在实验室中通过实验进行验证，它并不违背任何基本的物理学规律。简言之，它并不是什么魔法技巧。

思考

也许有一天，人类将能够给自己涂上超材料（比如一种特殊的油），从而实现隐形。而动物其实早已做到了。动物使用的技术被称为拟态，也被称为动物伪装术，是一种避免被虎视眈眈的猎手吃掉或发现的基本策略。

大自然中的动物们有着各种各样的生存策略。有些动物长得与环境中的某个部分完全相似，如棒状昆虫，它看起来就像树枝一样。有些动物则能够与周围环境融为一体，比如生活在海底的比目鱼一生都在隐形：当它闭上眼睛时，就“消失”了。而变色龙则根据它所处的位置来改变颜色。据进化论者称，世界上最能隐形的动物是头足类动物墨鱼和章鱼。尤其是后者，章鱼是无壳的软体动物，在伪装中还充分利用了它极其灵活的身体。它们有着独特的、数以百万计的特殊细胞——色素细胞，这使得它们能迅速、准确地根据周围事物的颜色而变色。它们可以模仿其他动物的形状、纹理和外壳，这究竟是如何做到的呢？我们不得而知。

章鱼能变身，能用整个皮肤来模拟周围的环境。它们是高度智能化的动物，大脑分布在身体各处。因此，有一件事可以肯定：在几百万年前，它们就已经“发明”了隐形斗篷！

灵光一现

隐形杯子

所需物品

两只大玻璃杯
两只小杯子（用来放进两个大玻璃杯中）
一瓶油
水

1 把两个小杯子放进大玻璃杯里，把两组杯子并排放在一起对照观察。

2 在一个大玻璃杯里倒满水，在另一个大玻璃杯里装满橄榄油。

3 从正面观察这两组杯子：你能看见浸在水中的小杯子，却看不见浸在油中的小杯子，它似乎已经隐形了。

隐形实验只对浸在油中的玻璃有效：这与材料具备的一种特性（即折射率）有关。这种特性每种材料上都会有不同的表现，它决定了光在不同材料中的传播方式和速度。油的折射率与玻璃非常相似，经过油和玻璃的光线也大致相似。通过这种方式，它可以欺骗人的眼睛，使我们无法准确区分油和玻璃。

3 关于隐形要记住的3件事

- 隐形的物体已经存在，那就是我们有时会不小心撞上的玻璃！
- 要想不被人发现，我们就得穿上超材料制成的衣服。
- 遵循物理学的基本定律，一切皆有可能：人的幻想都会实现！

我们与意大利国家研究委员会（CNR）纳米结构材料研究所的主任**米凯莱·穆奇尼**（Michele Muccini）聊了聊存储卡。

我可以在大脑里 放置一张存储卡吗？

大脑主要由细胞组织、脂肪、蛋白质组成。

大脑处理信息的中心叫灰质，因为它是由灰色糊状物质组成的。

读书的时候，如果我的大脑拥有额外的记忆空间就好了，这对我会有极大的帮助。

我多想在脑子里装一张存储卡啊，这样我就能永远保存最美好的时刻，删除最糟糕的时刻。

我不希望自己看起来像个机器人。

人的大脑的记忆力是有限的，所以我们难免会犯错。而数字存储器则截然不同，作为计算机和许多其他技术设备内部的存储器，它功能强大、运转迅速、无懈可击。不过，它显然比人脑无聊得多。

如果我们能把人类的记忆和存储卡结合起来，将会发生什么呢？

存储卡也叫记忆卡，是用于存储和保留数字形式数据的微小电子设备。相机、智能手机、笔记本电脑、平板电脑、媒体播放器等都有存储卡。近年来，甚至连家用电器中都配有存储卡。有人梦想将它植入人的大脑，已经有人做过在人脑中植入微芯片的实验了，这样我们的大脑或许能再也不忘记任何事情了。

什么是纳米材料？

纳米材料是由非常小的、纳米级的基本单元组成的材料，它的组件尺寸约为头发丝的十万分之一。

组装这些材料就像小朋友玩砖块一样，把所有砖块堆在一起，形成更大的物体，这样我们才能看到并处理和使用它们。材料构造可以决定它的性能。

纳米材料这么小，我们怎么能看见它呢？

可以通过一些高端先进技术观察纳米结构材料，如使用光子或电子显微镜。通过不同的能量脉冲，探针能够给我们提供信息，来识别纳米材料的基本特征。

纳米材料制成的微型存储卡，比我们在智能手机中使用的存储卡还要小吗？

对于放在人体中的存储卡或芯片，尺寸并不是关键问题，因为可以根据需要缩小存储卡。但是，它们的组成方式却至关重要：组成存储卡的器件（晶体管）越小，性能越强，能够储存的信息就越多。它们的形状也同样重要，使用的材料要柔软、有弹性。此外，它们的化学组成成分也非常关键，只有使用合适的化学成分，人体才不会把它们视为外来物和敌人。

未来我们能否把存储卡植入大脑中？或者已经实现了？

这类设备可以植入人体，但目的不是在某人的大脑中放置存储卡以增强他的记忆，而是用它来研究和深入了解大脑是如何工作的，甚至在人患病时，它可以进入无法正常运作的脑部区域。

因此，存储卡无法增强我们的记忆力，也不能在大脑间转移记忆……

以目前我们所掌握的知识来看，上述现象只能在科幻小说中见到。在技术层面上来看，转移记忆暂时不可行。相关研究仍在试图了解神经元机制和大脑的工作原理。目前，人们还相对缺乏对这一方面的了解。

可以植入大脑的存储卡由哪些材料制成？

最先进的存储卡由有机材料制成，它以所有生物物质的构成单位之一——“碳”为基础。如此一来，存如果我有更多的记忆空间……

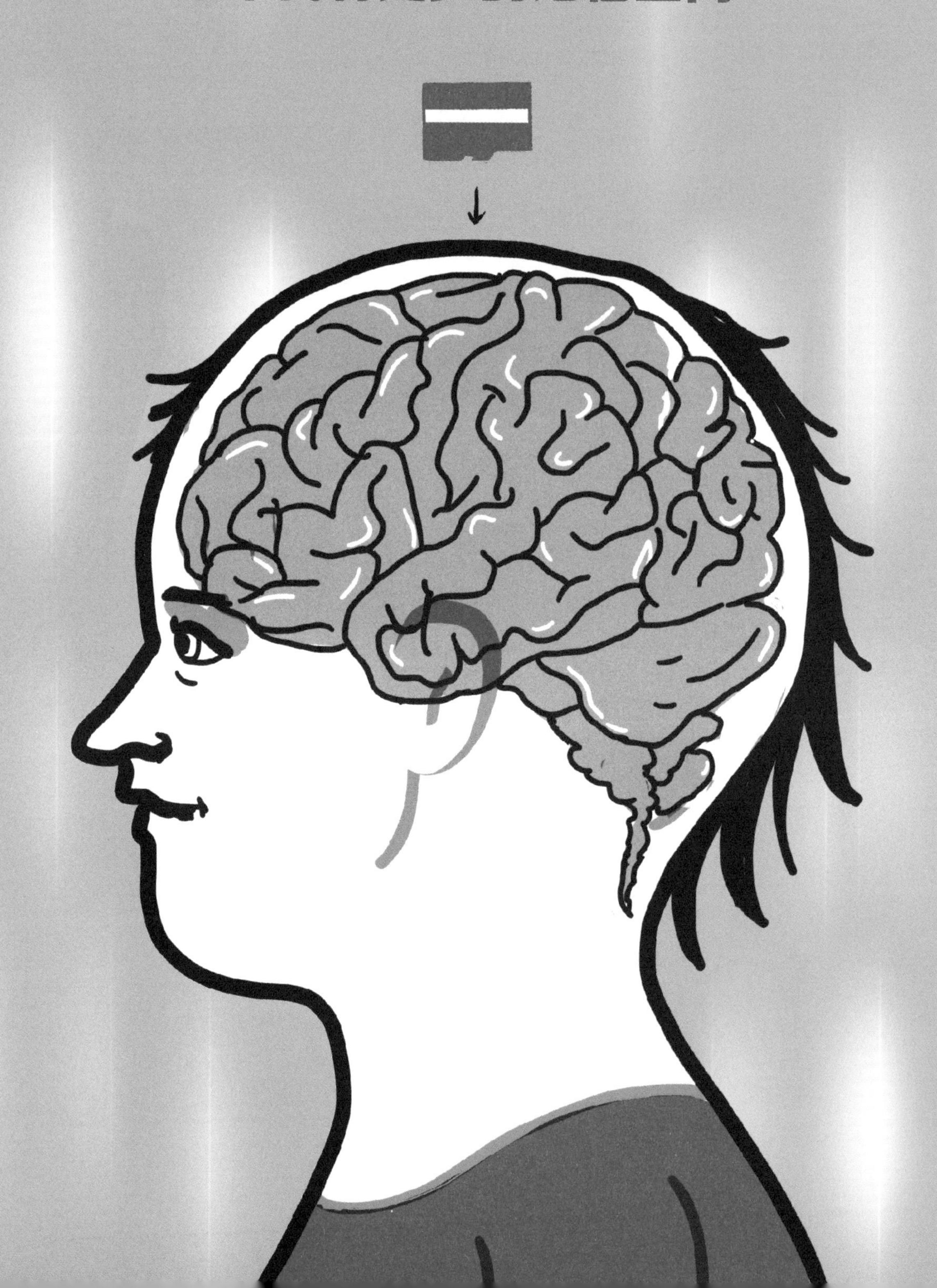

储卡便能与神经元和大脑兼容，而大脑也不会将其视作“外来物”。有机材料是一类特殊材料，非常适合帮助研究人员从化学角度研究生物系统和细胞系统（如人脑）。

● 植入这些装置后，我们还能将其取出吗？

如果微型芯片的材料是以正确的方式制造的，它们可能会拥有以下神奇的特性：微型芯片可以被植入人体，并发挥作用；一段时间后，它们会逐渐被身体自然吸收，就像内部缝合线一样，时间久了会自动“消失”。这就避免了进行繁琐的两次操作：把设备植入人体，然后再取出来。实现这一目标需要对相关人体系统和芯片用料进行大量研究。

● 这些材料如何与大脑互动？

根据我们的了解，大脑一般通过电刺激来运作。这些材料会模仿具有不同特性的电刺激，来激活大脑细胞。神经元对光子产生敏感性后，也可使用光来刺激神经元。

若要激活突触（神经元之间的连接结构），人们可以在大脑中的某一点给予适当的刺激，然后观察神经元和神经元网络的反应。通过这种方式，我们能够通过神经元网络自身的语言，与大脑互动。

● 要想处理这些问题，需要展开哪些研究呢？

这是一项综合的多学科活动，汇集了不同的技能和学科，集生物学、物理学、化学和工程学于一体。需要处理的问题相当复杂，因此需要各领域专家的团队协作。

这是一个有趣的主题，它触及了研究前沿问题，在这方面还有许多尚待挖掘的空间。

● 关于大脑，还有多少新东西可以探索呢？

研究者已经在对大脑的研究和了解中取得了巨大进步，但是，我们现有的知识仍然非常经验化，非常浅薄。

我们还没有弄懂基本的分子运作机制，也没弄懂神经元细胞的内部运作方式。正因如此，如今我们仍然不能对大脑的某些功能障碍进行干预。总而言之，仍有许多有待研究的问题。

“即使有时人的记忆力比较弱，但我还是更想保留自己的记忆，这不同于被改变的、受外部诱导的记忆。”

——米凯莱·穆奇尼

● 目前，在大脑中安装存储卡还只是一种幻想，如果这能实现，真的会很美好吗？

我们希望通过存储卡可以使用、扩展或修改人类记忆，它引发了一系列讨论，以及一系列难题，包括伦理问题。如果通过研究能够了解它的运作规律并让它变成一种工具，这当然是有益的；至于是否使用、如何应用存储卡，将由人来决定。

思考

一个大脑装有芯片的人还是一个真正的人吗？

这些微芯片和存储卡几乎随时都能与我们的大脑互动。

企业家、发明家埃隆·马斯克（Elon Musk）正在努力尝试进行这一实验。他成立了一家公司，生产可植入人脑的小型电极。有人问他为何要这样做，他的回答是为了增强脑力。

需要补充的一点是，此类仪器还可以治疗某些疾病，许多人都在尝试增强或唤醒大脑中功能失调的特定部分。

无论究竟为何使用存储卡（为了变得更强大，抑或是为了治愈患者），只要用了存储卡，我们都将变得有些像“赛博格”，也就是那些在科幻小说中经常出现的生物。它们是结合了人工和自然的仿生生物体。人类将机械和电子假体嫁接到人体上，可能是为了在极端世界或其他星球上生存。

未来主义者早在20世纪就已经对此进行了理论研究，许多成功的电影都以此为主题。

今天，我们可以在心脏上安装起搏器，我们开始操纵人体，开展基因工程。但是，两者之间存在着一个根本性的区别：一个是使心脏或膝关节工作的假体，另一个是促进大脑的特定部分更好运作的假体。

一张能够修改我们记忆的存储卡会使我们变得不同于本身。即使是制造这类产品的专家，也未必想体验它，因为记忆是我们的身份，存储卡可能会改变我们的思维方式，或者迫使我们记住本不愿记起的经历。记忆是人类大脑的一个基本属性，它虽然不完善，但运作良好，能够忘记、补充或修改记忆，甚至自主选择忘记某些不愉快的事情。

而与之不同的是，这些存储卡会记住一切事情，它们的记忆极其精确。数字存储卡与人的记忆就像两个截然不同的世界，它们之间可能会产生一些冲突。

灵光一现

测试记忆力

所需物品

纸

笔

一个秒表

一块足够大的布，比如桌布

1 需要三名玩家，一名裁判员。无论谁当裁判，都要避开大家的视线，悄悄在桌上放置10个物体，并用布将物体盖住。

2 玩家围着桌子坐下，裁判员揭开物体，开始计时。三十秒后，裁判员将这些物体再次覆盖起来，就看不见了。

3 玩家有一分钟时间在纸上写下他们所能记住的所有物体。一分钟后，相互对照一下笔记，看看自己成功记住了多少物体。

4 继续刚才的游戏，不过要增大游戏难度。比如，增加新物体，增加物体的数量，改变物体的位置……你会发现，你能记住的物体数量总有一个上限，要想记住桌上的所有物体，真的是一件难事。有时较强的记忆力能够派上用场，但是即使记不住所有物体，也不会影响游戏的乐趣。

3 关于存储卡要记住的3件事

- 纳米材料是由尺寸约为头发丝十万分之一的微小组件组成的。
- 就目前而言，将记忆从一个人转移到另一个人身上仍然是一种空想。
- 微芯片被用于对大脑进行修复和研究，后者非常重要。

我们与爱普生气象中心的气象学家**塞雷娜·贾科明**（Serena Giacomin）聊了聊天气预报。

天气预报是
如何制作而成的？

当我想了解天气时，就会用妈妈的手机查一查。

我认为，人们会用卫星来预测未来的天气。

我会观察天空：如果天色变暗，可能会下雨；如果天色阴沉，可能会下雪。

人们一般通过观察天空和感受风来预测天气。

自从人类开始培育植物（植物需要水和阳光），开始在海上航行（人们担心遭遇暴风雨），人类就愈发感到有必要解决这个棘手的问题："明天会下雨，还是晴天？"

天气预报自人类文明之初就已存在。

早在古希腊时代，哲学家亚里士多德就曾经写过一本关于云的形状的书。但是，真正的天气大师还是英国人，他们在19世纪发明了电报，用以远程传达风暴的信息。

第一个成功进行天气预报的人是著名的罗伯特·菲茨罗伊（Robert FitzRoy），他是贝格尔号船的船长。贝格尔号这艘英国皇家双桅船曾在1831年至1836年间载查尔斯·达尔文（Charles Darwin）环游世界。

旅行归来后，罗伯特·菲茨罗伊开始致力于气象学研究，并发明了一种可以预测风暴的气压计。1861年，他在《泰晤士报》上首次发表了天气预报。但在当时，他无法做到准确预测次日的天气。因此，他并未受到公众的重视，反而遭受了非常不公的待遇。直到他去世以后，人们才开始留意到，他所使用的预测工具颇具实用性。后来，预测工具得到了改进，现代气象学由此诞生。

当我们在谈论天气预报时，我们预测的是多久以后的天气呢？

尽量看近几日的天气预报，这很重要。未来几小时、明天、后天或未来三四天的天气，都有可能随时发生变化。这主要取决于当时的大气特征，它可能会影响天气预报的准确性。对三四天之后天气的预测，可能就没那么可靠了。因此，工作人员需要随时更新天气预报，判断它的准确性，或对它做出一些修改。

很久以前，人们通过观察云的形状来预测天气……

天空的确可以给我们一些预兆：云的形状至关重要，特别是在预测短期内可能发生的天气变化时，它能起到关键作用。

但是，如果要预测全国或世界其他任何地方的天气情况，就需要使用、卫星数据和超级计算机来计算大气层在未来可能产生的变化。

所以，计算机无所不能？

计算机能够执行绝大部分工作，但不是全部。如果要进行天气预报，首先，需要了解大气层的当前状况。我们可以利用分布在全境的仪器、地面站、配有温度计的气象站、测量风力的风速计和卫星来观测大气层。在大气层的三维“快照”完成之后，我们便可以观察它的变化轨迹。这时，我们需要超级计算机，因为它能够在一秒钟内进行数万亿次计算。倘若没有这些计算机，我们可能需要花费十天的时间，才能完成对明天天气的预测！

一旦计算完成，我们就可以获得近期大气的数据，再由气象学家（即天气预报专家）进行分析。

卫星、超级计算机……未来的新技术能否帮助我们获得更精确的信息？会不会有一天，我们在春天就已经能够预测八月的天气？

这些新技术当然能给我们提供许多帮助。在过去几十年里，气象学和大气物理学取得了惊人的发展和进步。但是，正如词语本身的含义所示，“预测”始终只是一种“猜测”，永远不会给出确凿的结果，因为从化学和数学层面上看，大气层中心的情况非常复杂。

大气层复杂多变。就像著名的蝴蝶效应一样，蝴蝶轻轻扇动翅膀，就能在世界的另一端造成重大干扰。这意味着，我们制造的一个小干扰（比如打开窗户，骑着摩托车或自行车超速行驶）也会在大气中产生湍流，影响其未来的走向，进而对天气预报造成影响。这就解释了我们为何需要全天持续更新天气预报、不断计算数据，以及时更新任何一个预测。

在一级方程式大奖赛期间，人们能够精确预测在弯道是否会下雨、在后面直道是否会马上天晴吗？

可以达到这么精确，“临近预报”（即在极短期内进行的预报）尤其可以。一级方程式比赛期间，一个专门的气象学家团队也在工作。他们能极其精确地监测赛道上的天气演变。这一切的实现要归功于气象雷达等重要仪器，它们可以追踪干扰的变化，比如快要降落的雨点，依据这些气象学家团队能够给出非常精确的指示。

在夏季，以下情况时有发生：不准确的降雨预报会使人们错失在海边度假的机会，因而引发剧烈的争论。难道是天气预报失误了吗？

天气预报只是一种预测，而非确凿的判断，因此无法绝对准确地描述天气。然而，对于给出的天气预报，我们也需要进行正确的阐释和理解。如果在夏季，预报里米尼地区（意大利）有暴风雨，坏天气可能只会影响部分海岸线。在降雨地区，给出的预测得到证实，人们会认为预报很准确；而在非降雨地区，人们则能够安逸地享受阳光，静静观察远处正在发生的雷雨天气，他们可能会认为是天气预报失误了。这是一种误解。

如何成为一名气象学家？

要想成为一名气象学家，需要在大学学习物理学，然后将物理学和数学应用于大气和气候研究。

朝霞不出门，晚霞行千里。这句谚语实用吗？

很遗憾，从气象学角度来看，绝大多数谚语都没有参考价值。

“夜色谜红，良宵在望”这句谚语的灵感来自于这样一个事实：当大气中的扰动因素逐渐减少时，天空会呈现出绯红色，此时的天际比艳阳高照时要更红、更明艳。

然而，即使没有扰动因素，也可能出现晚霞：因为当太阳下降到地平线时，我们的肉眼需要更久的时间才能观察到光，其他颜色会渐渐消失，而红色仍然鲜艳明亮。

“气候学是另一门大气研究学科，但它与气象学不同。气候学非常重要，因为气候变化正在对我们的地球产生影响，需要监测和研究气候变化。”

——塞雷娜·贾科明

巴西的一只蝴蝶轻轻扇动翅膀，便可在得克萨斯州引发一场剧烈的龙卷风。这个想法源于波士顿麻省理工学院的数学家和气象学家爱德华·诺顿·洛伦茨（Edward Norton Lorenz），他于1962年有了一个偶然的发现。在尝试对天气进行首次计算机模拟时，他注意到，即使是数字四舍五入的微小变化，也会导致最终结果出现巨大误差。如果他四舍五入到小数点后一位，预报就会显示下雨；而如果他四舍五入到小数点前一位，那么预报就会显示晴空万里。因此，他评论道：“最初数据的微小改变，就像蝴蝶轻轻扇动翅膀一样，可以使天气预报系统偏离至一个截然不同的轨道。”这种特征被称为“对初始条件的极端敏感性”，是所有复杂系统（即那些易受动荡和混乱干扰的系统，如天气系统和股票市场系统）的典型特征。

尽管这些系统都有一定的运行规则，但这些规则十分混乱且难以预测。这就解释了为什么即使我们拥有大量超级计算机，依然无法预测超过五天的天气情况。我们无法对所有初始条件、压力、湍流、空气流动、温度有绝对精确的认识……因此，我们只能对其进行最大程度上的近似预测，但还时常出错。

明天天气如何？

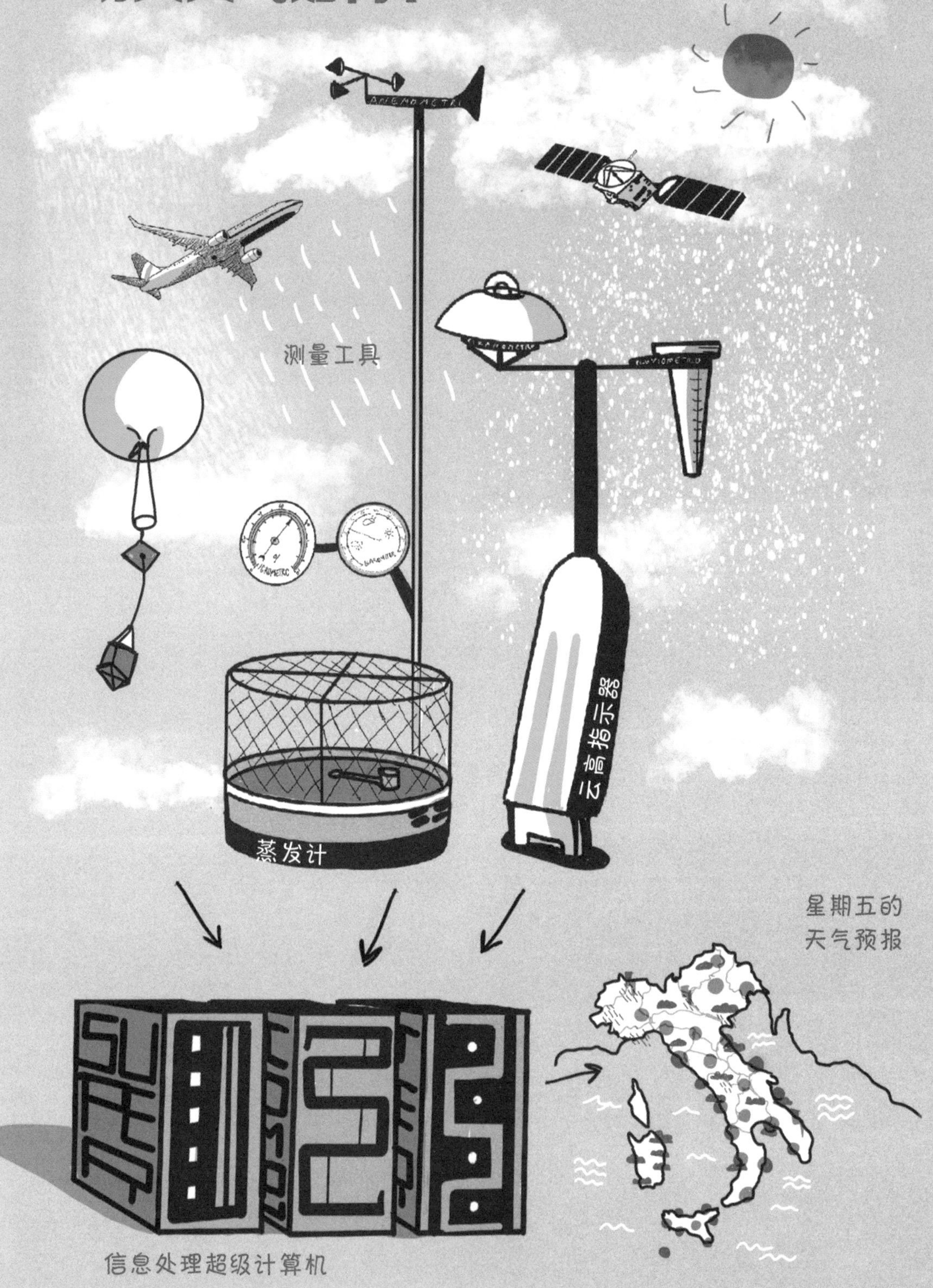

灵光一现

家用晴雨表

所需物品

一个玻璃瓶
一个小气球
一根吸管（最好使用可降解的吸管）
双面胶和橡皮筋
纸张和一些彩色记号笔

1 拿出小气球，剪掉最窄的部分，也就是你用来吹气的部分。将气球的剩余部分套在玻璃瓶瓶口上，让它起到塞子的作用。你可以用橡皮筋把它牢牢地绑在瓶子上。
2 用双面胶将吸管贴在气球“瓶塞”上，确保吸管只有一小部分是贴在“瓶塞”上的，其余部分露在外面。
3 一个气压计就这样完成啦。把它带到阳台上，让它靠近房屋的墙壁，把吸管对着墙壁。然后观察在一天中不同的时间段，它会发生什么变化。吸管有时向上翘起，有时向下低垂。这种变化取决于大气压力：瓶内的压力大致保持不变，而瓶外的压力会发生变化。如果瓶外的大气压力很高，有弹性的气球“瓶塞”将被向下挤压，吸管便会上翘；如果瓶外的大气压力很低，气球“瓶塞”将会向上凸起，吸管便会下垂。

你可以用纸和笔记录大气压力的数据，并将其与温度和风的数据（可以用免费的应用程序进行测量）进行对照。或者你可以通过在一个盆中收集降水，来测量雷雨期间的降雨量。通过时刻留意天气变化并对照数据，你可以尝试预测明天是晴天还是雨天。

3 关于天气预报要记住的3件事

- 尽管我们拥有各种各样的超级计算机，我们还是不能完全信赖任何预测器。
- “朝霞不出门，晚霞行千里”只是一个美好的期望！
- 大气层的中心十分复杂。

我们与乌迪内大学数学、计算机和物理科学系主任兼网络安全讲师**詹卢卡·弗雷斯蒂**（Gianluca Foresti）聊了聊物联网。

什么是
物联网？

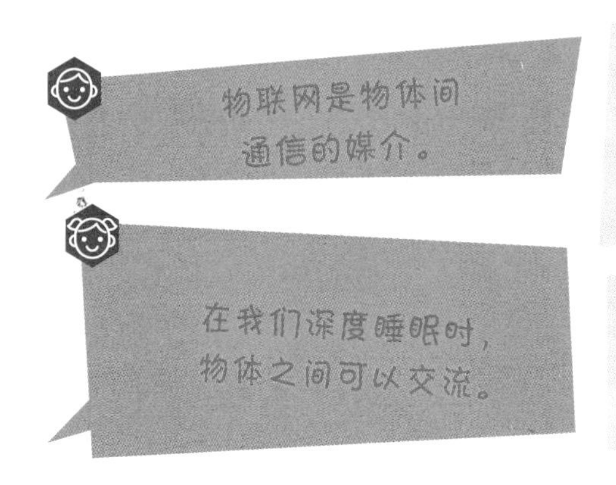

想象一下，一个智能闹钟，无须人的指令，就能在你酣然入睡时自动连接到网络，获取有关交通和天气状况的信息。如果出现交通堵塞或遇到下雪天，它就会比往常更早地把你叫醒，因为你可能会花更长的时间在同一条街道上行驶，也可能得先铲雪才能把车开出车库。在未来，这种设想可能会成为现实：日常物品之间将会相互交流，为我们提供更加便利的生活服务。

物联网中涉及的“物”是什么？

我们所说的物联网中的“物”，是指人类凭借技术能力和创造力生产的物品和设备。我们使用“联网”这个词，意在说明我们为这些物体提供信息，使其能够通过一个IP地址与网络连接（和我们上网时的操作一样），并相互交流。

我们可以把家用电器、设备和

各种日用品用互联网连接起来。这样一来，我们居住的地方就会变得“智能”，可以根据情况自动开关或者调节：暖气可以自己开关，冰箱在有食物过期时会向我们发出警示，遇到暴风雨天气电力系统会自动关闭，在天气炎热或阳光太强时窗帘会自动拉上。同样的功能也可以在医院、工厂、养殖场（用以监测动物的移动）发挥作用。我们将生活在可以相互交流的物体中间。

让我们从定义开始：“物联网”是什么意思？

“物联网”英文全称为“internet of things”，缩写是IoT，这一表述来自电信领域，用于表示物体与互联网网络的连接情况。

因此，我们可以将物联网定义为一种技术。通过这种技术，任何类型的物体或设备都可以与互联网连接，其作用是获取信息，然后将信息传输到可执行特定行动的设备上。

据估计，在几年的时间里，将有大约250亿台设备连接到网络。这是一个非常可观的数字。

什么叫“一个物体与另一个物体对话”？它们说什么？

直到前不久仍只有电脑和我们的手机可以连接网络，而现在，物体已经变成了互联网网络的重要组成部分。它们相互交换数据和信息，越来越有针对性且越来越准确地收集数据和信息，确定需要什么来实现特定目标。

我们可以想象一下：在医院的重症监护室里摆放着的机器，能够捕捉病人的生理参数并报告异常情况；有的设备可以检测环境数据，比如空气质量，决定是否需要在某个城市地区禁止汽车通行；有些传感器则可以检测化学物质的存在，比如，它可以检测泄漏的气体，及时发出警报。

这些物体之间是如何进行交流的？

物联网设备可以根据彼此的间距，以不同的方式相互通信。

最简单的技术就是所谓的RFID（射频识别），它通过无线电频率工作，适用于相距较近的设备。此外，我们还拥有蓝牙技术，它可以用于同一房间内距离半径为10米的设备上。还有无线技术，它的工作距离一般在100米左右。

RFID、蓝牙和无线技术在设备的直接通信方面起着关键作用。以互联网为媒介的通信是间接通信，其中有大量的数据传输。此外，间接通信还是一种连续的通信。

它们交换的信息类型可以从几个字节的报警信号到几十兆字节的高清

物联网可以做很多事情

视频图像，即新一代视频监控系统中使用的图像，这些监控系统能够自主地分析摄像机和传感器观察到的场景中发生的事情。

● 如果这些物体能够相互交流，我们的生活会因此发生什么变化？它们已经应用于我们的日常生活了吗？还是这只是对未来的一种预测？

有些技术已经在我们的生活中萌芽，但在未来仍有持续的发展空间。

比如，我们可以为城市设想一款智能路灯，它会根据不同的情况调整灯光的强度：如果街道上空无一人，那么灯光就会暗下来；一旦有行人走近，灯光就会自动调亮，这将大大减少能耗。路灯上还可以配备测量空气质量的传感器。我们还可以在城市道路旁装一个智能红绿灯，根据车辆或行人的分布实况来调节交通：当有人想穿过没有车辆的街道时，它就会变成绿色。

"我构想出了一种智能餐具，它能告诉我们正在摄入的食物有多少热量，或许还会告诉我们该食物具有什么特点……"

——詹卢卡·弗雷斯蒂

● 物联网是改变了物体的构造，还是为已有的人工制品增加了智能的功能？

这两种观点都是正确的。新的物联网设备已经被设计成互联网的一部分，它们能够相互通信和进行数据交换。数据交换必须以安全的方式进行，所以人们使用了加密算法。新设备必须使用加密算法，在旧设备上则需要配置适配的硬件和软件。互联网完全颠覆了以往的通信方法。比如传统电话，仅仅基于一条线路传递信息，信息包每次只在两方之间传递；现在网络信息会被分成若干个小件，有许多不同的通信片段在同一信息渠道上依次传播。

● 要想成为物联网专家，应该学习什么？

要想成为物联网专家，肯定要学习计算机科学。此外，也需要学习物理学和机电一体化知识，这对了解设备的工作原理至关重要。意大利最近开设了一些侧重于物联网研究的计算机科学学位课，帮助学生进入智能传感器的世界。

● 人能和自己的冰箱聊天吗？

在家里，这一点或许很难实现……但在大学的实验室里，研究者每天都在进行实验。在这一领域开展实验是必不可少的！

烤箱和冰箱之间有什么可交流的

呢?

这取决于我们想让它们做什么:如果我们想要保障安全、减少消耗浪费,那么两个机器之间为此相互协调的画面不难想象。

“智能道路”便是基于此类技术制成的一个性能超强的应用:会思考的路灯,有导航功能的红绿灯,标明空余停车位的标识……但是,如果我们被这些信息收集机器包围,也难免会产生一定风险。有四个概念应始终牢记在心:首先是安全,我们必须禁止病毒或不怀好意的黑客闯入我们的网络。其次是隐私,我们的私人空间必须受到保护,这些智能机器不得监视我们,不得在互联网上传播我们的隐私。再次是便捷性,我们需要确保这些技术能为我们的日常行动带来更多的便利。最后是自由,随着物联网的发展,技术变得更加活跃,它可以代替我们行动。但是,我们必须留心一点,那就是不能让技术限制我们的自由。技术的任务是帮助人,让人能做更多事情,而非对人进行干预和制约。在不确定的情况下,做最后定夺的权力应当始终归于我们。

灵光一现

“家里”的物联网

所需物品

一张桌子
纸张
记号笔
绳子
剪刀
橡皮泥

1 将四张纸分别放在桌子的四个角，在第一张纸上写上“卧室：智能手机和闹钟”，在第二张纸上写上“厨房：煮锅和存放牛奶的冰箱”，在第三张纸上写上“学校”，在第四张纸上写上“超市”。
2 然后拿出其他纸张，把它们剪成条状并用纸铺出一些“道路”，这些道路要把你的“家”（“卧室”和“厨房”所在的区域）和“学校”“超市”连接起来。
3 用橡皮泥做五个小球。在已经连通到或可以连通互联网的设备处放置一个球，比如，卧室里的闹钟和智能手机、厨房里的冰箱和煮锅、配有消息接收器的超市。
4 想象一下，某天早晨你得去上学。前一天晚上，你用智能手机遥控设置了摆在床头柜上的闹钟（这时，你需要用一根绳子把智能手机上和闹钟上的橡皮泥球连接起来）。闹钟一响，温牛奶的煮锅就会自动启动（这时，你需要用另一根绳子把闹钟上和煮锅上的橡皮泥球连接起来）。煮锅可以连接到冰箱，检查冰箱里面是否还有牛奶，而冰箱里的设备可以从超市订购牛奶，并通过智能手机提醒我们放学后去付款。如此一来，桌上的四个区域之间都能相互连接起来了。
5 在桌上设想各种各样的情况，不同的设备之间相互交流，以协助你完成需要做的事情。用绳子把它们连接起来，然后研究密集的线路网络。这就是物联网的工作原理！

3 关于物联网要记住的3件事

- 目前已经有250亿个智能物体相互连接。
- 物体之间有很多事要沟通！
- 很快，研究者将发明智能餐具，它会提醒我们自己是否已经吃饱。

我们与意大利国家研究委员会（CNR）高性能计算和网络研究所的技术专家**翁贝托·马尼斯卡尔科**（Umberto Maniscalco）聊到了智能机器人。

我能有个
机器人老师吗?

我多想有个机器人老师啊，它耗尽电量就没法管我了，我就可以玩啦！

在我的想象中，它头上会有一根天线，每次它教课时，都会发出“哔啵、哔啵、哔啵”的声音。

我不想要机器人，要是它突然失控了，就会毁掉一切。

我觉得，杂乱无章的东西最有可能惹恼机器人老师。

我不想要机器人老师，因为它没有情感。

机器人老师不会有人类教师的情绪波动，也无法和学生产生情感共鸣。但是，有了教学机器人，就不再需要临时安排代课老师，新老师也不用每次都从头开始教起啦。

在我们周围会有越来越多的机器人，我们必须逐渐习惯机器人的存在吗?

是的，我们必须习惯社会里机器人的普及，即生活在一个更频繁地与机器人互动的社会中。

今天，在世界各地，已经涌现出了机器人管家或普通机器人，它们能帮助生活不能自理的老人。我们将看到机器人在学校里教外语、数学，甚至艺术。而且，孩子们也非常乐意从这些特殊的教师那里学到知识。而那些害怕与人类教师互动的学生，可能会更喜欢机器人教师，这将有助于优化传统的教学模式。

机器人还可以按照每个学生的需求进行个性化教学，这在芬兰和韩国已经成为现实。

机器人是否有足够的知识来教学？

电影和科幻书中将机器人描绘得无所不知，我们自然也对此心怀期待。然而，现实却是不同的：一个机器人只能精通几个话题（即那些人类已经帮它“练”过的话题）。至于新的话题，它一窍不通。

机器人有很多感知环境的传感器：摄像头、麦克风以及测量距离的声呐。对它而言，巨大的挑战在于收集所有这些信息并将其转化为知识。实现这一目标的主流方法便是运用实例对机器人展开训练：人向机器人展示某种情况，并向它解释与之对应的某种概念。这与向孩子解释某种事物的方法大体相似，但有一点不同：孩子很快就能学会，而机器人往往需要大量的实例才能理解一些非常简单的概念。

了解概念是一回事，能够解释它们又是另一回事，机器人能否做到这一点？

机器人只能做到其中一部分。现有的机器人还不能完全取代人类教师，但它可以成为一个很好的助手，比如，作为一个多媒体工具，它可以吸引儿童的注意力。

如果机器人陪伴教师上课，概念的传达会更清楚，孩子们会更乐意听。

教学机器人能做什么？

意大利国家研究委员会高性能计算和网络研究所（ICAR）已经开发了一种可以回答问题的机器人，比如用于回答与达·芬奇相关的问题的机器人。在解释时，它需要与另一种人工智能搭配使用：全息金字塔，即能够显示三维图像的仪器。

这两种人工智能都能回答关于达·芬奇的问题。机器人非常了解绘画，而全息金字塔则非常了解机器。机器人会回答关于绘画或达·芬奇生平的问题，但是，如果有人向它提出关于机器的问题，那么机器人便会表示自己并不了解这个问题，并建议对方询问全息金字塔，全息金字塔会显示所需的3D模型。

总之，教学机器人已经在实验室里投入使用，同时也出现在了国际展会和科学庆典上。

机器人如何分辨学生是在听课，是在分心，还是有点百无聊赖？

机器人需要具备多种形式的“智能”，才能够理解人的情绪。通过观察对话者是否在和自己对视，机器人可以推断出对方是专心致志还是心不在焉；通过分析对方脸上的某些定点，它可以判断对方是否在微笑，是感到快乐、悲伤还是无聊。通过收集这些信息，它可以采取适当的反应。此外，机器人还可以向学生提问，进行记录并评估答案，以分析学生的学习水平。

机器人老师比人类教师更好吗？

目前还没有哪个机器人能够做得比人类教师更好。不过，在不远的未来，它可能取代人类教师。

一位好老师能够完全了解每个学生的心理和学习能力，今天的机器人还不能做到这一点。

最后，机器人会是一位好老师，还是一位坏老师？

机器人肯定会是一位公正的老师，对所有学生一视同仁。这时，学生将无法再为自己糟糕的成绩找借口！

尽管程序员正试图赋予每个机器人特殊独有的个性，机器人仍然会给出较为客观的评分。也有可能，在未来，机器人特别偏爱一部分学生。毕竟，如今机器人已经能够准确判断面前学生的年龄，并自行调整自己的表达方式。如果它面对的是一个年幼的小朋友，那么它就会使用简单的语言；如果学生年龄稍大一点，那么它就会使用更复杂的概念。

人们一般会使用什么样的机器人？

人们会选择具有人类特征的机器

人进行教学。刚刚造好的机器人并不具备任何功能，就像一个没有下载任何应用程序的新手机。随后，人们会对它进行动作训练，使其能够根据自身所处的环境，自行决定采取何种策略。其目的是将机器人变成与人类更相似的机器。

“robot”（机器人）一词源自斯拉夫语，意指“奴隶”。然而，今天，科学家们正试图给予机器人更多自由，自主地适应它们所处的环境。我们会在机器人身上设置一个红色按钮，如果它执行了错误的动作，我们可以将它的电源及时关闭。

人类能和计算机成为朋友吗?

对人类而言，友谊十分重要，但是只有人类之间拥有友谊。当然，知识可以成为人类的朋友，从这个意义上，机器人或计算机作为获取知识、信息的工具，也可以称为人类的朋友。

思考

在机器人的构造中，那个红色的关机按钮非常重要。当然，这也显得有点自相矛盾：这个按钮之所以存在，是因为如果程序没有按计划进行，人类可以决定是否关闭机器人。然而，与此同时，科学家又在试图制造有个性的教学机器人，这种机器人能够通过经验自行学习以及识别学生的情绪。其创造目的是使机器人尽可能地与真正的人类教师相似。疑问似乎并未得到解决：在未来，机器人永远都只能是一个辅助工具，一个额外的教学工具？还是有一天，它们真有可能取代人类教师？

即使是在后一种情况下，在人和机器之间也始终存在着根本性差异。如果要执行的任务需要大量计算、大内存容量、预见能力和高速度，那么机器人肯定比人效率更高。人都不是完美的个体，我们制造机器正是为了克服自身的局限性。但是，恰恰是在这种不完美中，隐藏着人类的创造力、即兴发挥能力、共情能力和创新能力。与机器不同，我们有数十亿年的进化史，这是我们的一大优势，使我们能够做到机器人无法做到的事情，比如写诗。机器人不会写诗，它即使凝神观赏一件艺术作品也永远无法获得灵感。

一位好老师正是凭借他的不完美、他独一无二的特质，才令人印象深刻。在这一点上，没有哪个机器人能够超越人类。

“我希望年轻人拥有好奇心，不要止步于使用互联网上的社交网络。我们这一代人，凭着几本书和一本百科全书，就完成了一场数字革命。而今天的孩子们已经掌握了海量的知识，他们只需轻轻点击鼠标，便可实现更大的革新。”

——翁贝托·马尼斯卡尔科

讲台上的机器人

灵光一现

教学机器人

所需物品

每人一部智能手机

笔和纸

1 选择几名玩家。首先选择一种情绪，比如幸福。每位玩家都要用自己的表情来表达情绪，并用智能手机自拍一张照片。

2 对比大家的表情，看一看，如果想要表达幸福，究竟有多少种不同的方式。

3 换一种情绪，重复同样的操作。你可以选择悲伤，或者增加游戏难度，选择怀疑、困惑、羞愧等。

4 现在，每位玩家必须选择一种情绪，不得与其他人交流。每位玩家用智能手机自拍，并将照片发送给自己选择的另一位玩家。

尝试猜一猜你收到的照片想要表达什么情绪，并把它写在一张纸上。最后，对照一下各自的笔记，看看你们猜对了多少种情绪。你会发现，我们人类真的很神奇，因为我们可以用很多种不同的表情来表达同一种情绪！

3 关于教学机器人要记住的3件事

- 只要换个话题，教学机器人就会变得一窍不通！
- 如果我上课感到无聊或完全集中不了注意力，即便是机器人老师也能看出来。
- 如果作业完成得不好，学生就没法再像往常一样，以老师不喜欢他为借口了！

我们与意大利国家研究委员会（CNR）信息科学与技术研究所的研究员**马可·卡列里**（Marco Callieri）聊了聊3D打印机。

3D打印机
是如何工作的？

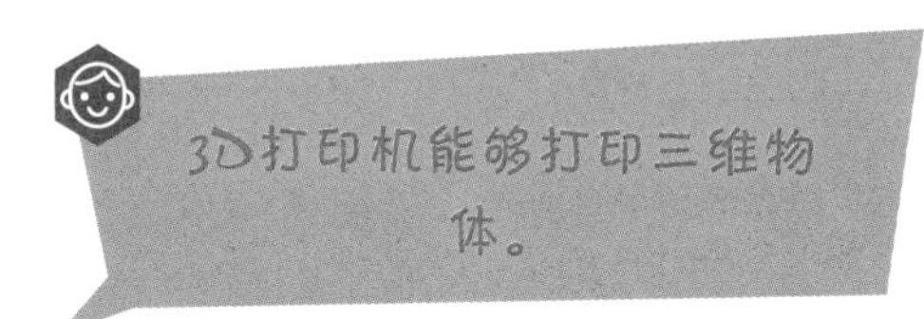

我认为，3D打印机是一种可以用任何材料创造物体的打印机。

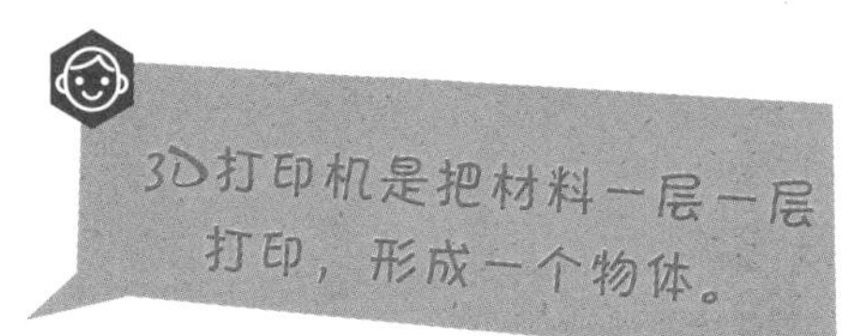

只需在电脑前坐一会儿，它就会为你打印出3D物品。

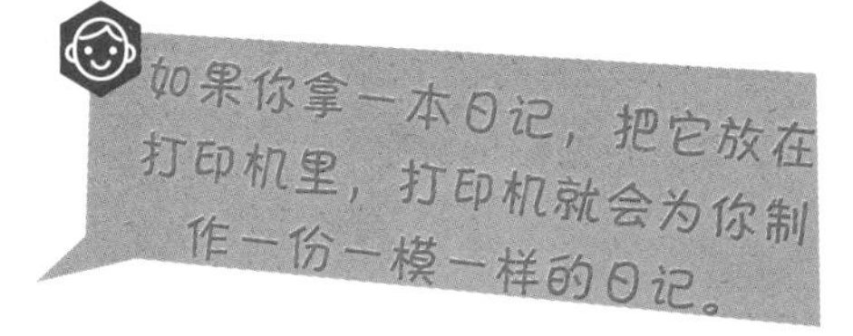

运动鞋的鞋底、汽车和飞机的发动机部件、未来的房屋和宇航员在太空中所需的备用件，甚至食物……

今天，我们可以直接在三维空间打印这些东西。

3D打印机非常精确，有了它，人可以自由决定用什么材料打印物体。虽然3D打印机运作仍然很慢，但它经济实惠，能够大大减少生产浪费。而且，最重要的一点是，它可以打印许多不可思议的物品：小到定制的医疗假体（如头骨），大到房屋。这叫“增材制造技术”，因为打印机会将材料一层一层地添加进去。而且，观察它的工作过程也十分有趣！

● 什么是“3D打印机”？

我们大家都熟知的普通打印机，即与电脑相连的打印机，能够在一张纸上绘制图像。而3D打印机却能够建造三维物体，它依据计算机画出的形状，在三个维度（宽度、高度和深度）上建造物体。

这看似是一项新技术，其实则不然。多年来，一直都有工业机器能根据计算机生成的设计生产物品。与过去相比，最大的变化在于新型3D打印机经济实惠、操作简单。而且，与过去的工业设备相比，它们更加安全。

● 3D打印机的工作秘诀是什么？它们是如何运作的？

我们口中的家用、办公室3D打印机大多使用塑料线，机器用加热头将塑料线熔化并堆积在印版上，这就会形成塑料层。当塑料层冷却下来后，加热头会向上移动，再按照物品的外观设计堆积第二层，就这样一层又一层地制作下去。

其他打印机使用的是液体树脂，这种材料在激光或紫外线的照射下会变成固体，不太常用。

● 人们如何向3D打印机发出指令？

人们要想对3D打印机发出指令，需要先有一个三维模型。三维模型是一种计算机使用数学建模和几何（如立方体、三角形、空间中的点）建模构造的对物体形状的描述。

有的程序能把三维模型分解成“片”，并分析出打印头应如何放置塑料，并将塑料层层叠加。

哪些材料可以用来打印物体？

我们主要使用塑料，包括可生物降解的塑料，以减少对环境的影响。

近年来，人们也开始重点研究如何使用其他材料，如木浆、石粉或金属粉，以塑造出不同的物体外观。

只要是能熔化和凝固的材料，都可以用于3D打印。有的机器能制作巧克力；有的机器制造完物体，需要拿去烧制（如陶瓷）；有的还是用纸或石膏打印；有的机器用熔化的金属粉末来打印。

3D打印机的用途是什么？

人们在工程和设计领域均会大量使用3D打印机，用于在实际建造之前的模型制作以及物体测试。例如，建筑师会为他们即将施工的建筑打印3D模型。

3D打印机在医疗领域中也有应用，比如用于定制假肢和支架，以代替普通石膏；取代传统石膏夹板，生产出贴合病人断臂的塑料支架；外科医生用它们来复制人体的骨骼或器官，为手术做准备。

3D打印机在家中也有很大用处，它可以修复或改进日常物品，比如手机壳、适配器、破损的自行车部件等。

它们还被用于博物馆，比如制作可触摸的艺术复制品。

3D打印机的所有生产部件都一样吗？

工业打印机生产出来的部件几乎是相同的，当然，所有大规模生产的物体都难免会呈现出一些细微差异。

家用打印机和办公室打印机可能不太精确，打印结果因机器的质量、设置的打印速度以及用材的质量而有所差异。尽管如此，它们的精确度偏差都小于十分之几毫米，肯定比任何其他手工制品要精确得多。

我们都会成为拥有3D打印机的工匠吗？

要想使用这些现代打印机，我们需要先掌握在计算机上以三维形式设计物体的能力。我们可以在各种各样的程序或网站上学习。但是，必须记住一点，并非所有的物体都能被打印出来……

因此，我们不必成为雕塑家，但必须是优秀的计算机科学家……

如果我们想创作一件珠宝或一件装饰品，首先需要具备一点艺术天赋，因为我们需要坐在电脑前想象、构思和设计想要打印的物品。

这些3D打印机是如何发展起来的？在未来，人们对新一代3D打印机又有什么期待呢？

如今的打印过程仍然长达数小

时，在未来，这些打印机将变得更便宜且效率更高。人们将使用比塑料或混合材料更复杂的材料，在单次打印中便可制造由几个不同部件组成的物体。如此一来，就无须挨个打印所有部件，再组装起来啦。

“从地球上向国际空间站上‘传送’物品，使用的也是类似方法，只需使用一种特殊工具即可完成：人们在地球上制作好某种物体的3D模型，然后由空间站的3D打印机打印出来。”

——马可·卡列里

● 3D打印机是远程传输的早期例子吗？

我不赞同这一说法。我们并不是把物体从一个地方转移到另一个地方，我们只是依靠数字信息复制它们。

3D打印机的第三维度确实改变了万物。人们可以扫描一个物体，在计算机上绘制出来，以文件形式发送至目的地，然后在目的地打印出一个副本。这样一来，原物体就能够“穿越”不同维度。有的打印机甚至还可以打印自己（即打印机本身）的副本。

这很容易让人联想到很久以前某位神学家、教育家——埃德温·艾勃特（Edwin Abbott）所做的预言，他在1884年创作了科幻小说《平面国》。书中，作者构想了一个二维人物生活的世界，那里的人遵守着极其精确、森严的等级制度：三角形是士兵，身份最卑微；而多边形边数越多，就意味着他越重要、越富有、越高贵。在这个二维世界中，突然开始出现奇怪的现象，比如一些令人费解的超自然现象。有一个正方形知道这些现象产生于三维物体与二维物体的互动，但是他却因此被众人视为异类，因为每个人都坚信，自己的二维世界是唯一可能存在的世界。

在故事的最后，作者自问会不会是因为存在其他维度，所以才会产生某些人类不理解的现象，因为人类甚至都无法想象超出我们三维世界的存在。

在《平面国》中，埃德温·艾勃特还构想了一个最不幸的群体：一维物体，即“线条”。这个群体受尽歧视，被视为最低等的生物。随后，零维度世界的唯一居民——“点”出场了。点无穷小，但它却将自己视为世界的中心，因为它并不知道，原来还存在着比自己的世界更复杂、更有趣的世界。

《平面国》其实是作者对自身所处社会的批判。我们也希望借助3D打印机来拓宽自己的认知视野！

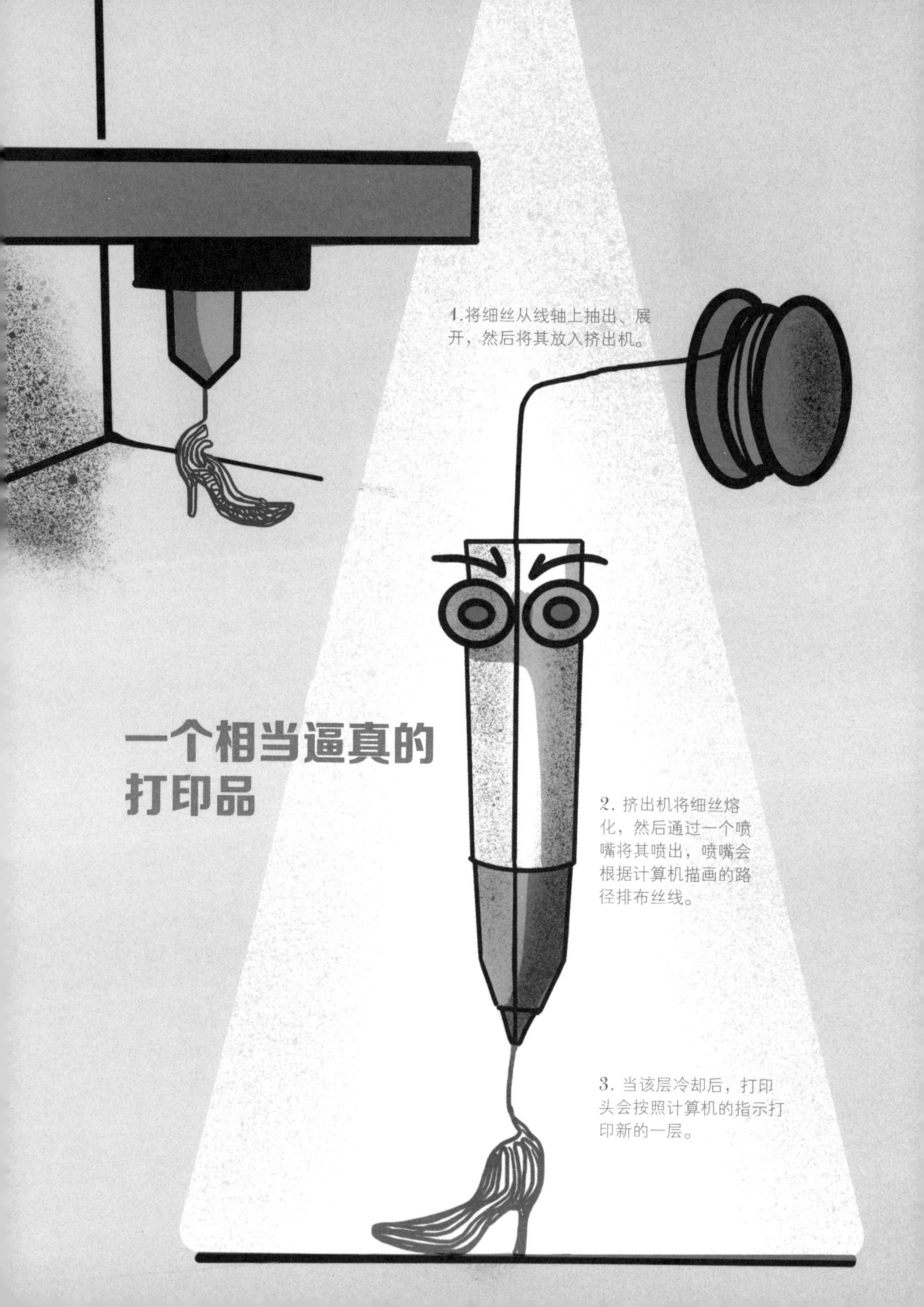
1.将细丝从线轴上抽出、展开，然后将其放入挤出机。
一个相当逼真的打印品
2. 挤出机将细丝熔化，然后通过一个喷嘴将其喷出，喷嘴会根据计算机描画的路径排布丝线。
3. 当该层冷却后，打印头会按照计算机的指示打印新的一层。

灵光一现

打印

所需物品

橡皮泥

一张纸和一支绘画铅笔

一个不带针头的大注射器（可在药店买到）

1 首先，想好你要制作的物品，或许你可以从一个比较简单的形状开始，比如立方体。把它画在纸上，试着把它分成许多“切片”：它们其实是许多正方形，当这些正方形一个一个地叠加在一起时，便形成一个立方体。

2 用手揉捏橡皮泥，尽可能地把它捏软，然后把它放入注射器。把它从注射器里压出来，做第一层：从注射器里挤出橡皮泥细条，把它排布在架子上，构成立方体的第一个正方形就出现啦。

3 做好第一层后，给注射器重新填充橡皮泥，继续做第二层、第三层，以此类推，直到完成整个立方体。通过模仿3D打印机的运作方式，你就能建造出一个橡皮泥立方体！

3 关于3D打印机要记住的3件事

- 3D打印机打印时，会把打印材料一层层叠加起来，就像做蛋糕一样！
- 如果你喜欢吃巧克力，你甚至可以把它放在3D打印机里面进行复制。
- 我们在家里就可以打印零件，不必每次都去五金店买啦！

我们与维罗纳大学计算机科学讲师、热那亚的意大利理工学院模式分析和计算机视觉系主任**维托里奥·穆里诺**（Vittorio Murino）聊了聊面部识别。

面部识别
是如何运作的？

面部识别主要应用于计算机，它能将用户的面部设为密码。

面部识别的工作方式是：把你的脸靠近某个设备，它就自动解锁了。

面部识别是指显示屏能识别用户的面孔。

面部识别是一台能够识别人脸的计算机。

我不希望机器人拥有识别人脸的功能，那样的话每个人都能看到我的脸了。

两只眼睛，一条垂直线做鼻子，一条两端向上或向下的线条做嘴巴，这几个特征足以让人猜出这是什么。再加上一个下巴和两只耳朵，毫无疑问，这是一张人脸！

所有的面孔真的截然不同吗？

每张人脸都会遵循一个普遍模式。这种科学家口中的“模式”可以确定人体面部某些相同的要素，比如眼睛、鼻子、耳朵、嘴巴。

然而，在80亿人中，根本不存在完全相同的两张脸。颧骨、眼距、一些微小的不对称、个人的特征与印迹，这些都造成了一个人和另一个人之间的微小差异。

而正是这些差异，增大了计算机

识别人脸的难度。人们试图通过为计算机展示侧面轮廓或三维面部轮廓来提高识别准确度，但这仍然不够。

另一个问题则更加复杂，它被称为“算法偏见”。有时，负责为面部识别编程的程序员容易将自己的主观偏见传递给计算机，并因此造成极其严重的后果。例如，在美国，黑人常被误认为是罪犯，为些，旧金山市不得不在市内下令禁止使用面部识别。

什么是面部识别？

面部识别是由计算机对人的面部进行识别。面部识别是一种很宽泛的概念，在多种不同的场所都有应用。面部识别逐渐被应用于我们的日常生活，目标是始终一致的：识别一张脸，然后识别一个人！

首先，计算机需要识别图像（如照片或视频图像）中的人脸，然后再通过大量数据分析来确定面孔的主人。

此外，还有其他类型的面部识别。例如脸部验证，其目的是了解显示的两张脸是否属于同一个人。

那么面部识别的主要用途是什么呢？

面部识别的用途有很多种，但是，它最经典的用途是监控。我们可以通过分布在大街小巷的摄像头识别人脸，确认某个人是不是嫌疑人或通缉犯。

或者，我们可以将这种技术用于控制区域的身份认证：不必再通过刷卡进入某个区域，而是由计算机拍摄人脸，核实此人是否拥有自由进入该区域的权限。

此外，面部识别还有许多其他用途。比如，我们可以将它应用于虚拟化妆或电子游戏，基于真实玩家的面孔创造对应的角色。

当人工智能观察一张人脸时，它到底在识别些什么？

这在很大程度上取决于它所使用的技术类型。一张人脸对机器来说既复杂又特殊，对人类而言也是如此。人类有一系列用于视觉识别的神经网络，大脑中也有专门用于脸部识别的区域，在我们与周围世界的互动中，识别其他人的能力至关重要。

早期的面部识别技术是将人脸的主要特征要素——眼睛、鼻子、嘴巴、下巴——结合在一起进行识别，通过测量这些面部特征要素的某些特点，从而在一群面孔中精准识别出这一面孔。

目前，专家正在进行更先进的人工智能技术的研究，该项研究被称为“深度学习”。当计算机观察一张人脸时，它会将提取的人脸局部区域

你认得我吗？

计算机通过读取人脸来进行面部识别。计算机检测人脸的特征，将信息传送至一个多边形网格中，并比较该网格的信息与存储器中所存储的特征。

特征转化为人脸特征向量，然后进行编码，以区分其特征。然而，要确切地说出计算机识别的重点是什么，就有点困难了。

● 这种人工智能也能解读人的表情、情绪和意图吗？

这是一个极其有趣且涉及面广的研究领域，被称为“情感计算”，即机器通过观察一个人的面部图像来解读他的情绪。

首先，计算机需要获取人的面部表情、姿势和手势信息。通过充足的信息，人工智能可以评估人的情感状况，并与之进行相应的互动。这一研究的目的是使机器能够更恰当地与人类产生互动，建立联系。

● 如果对面是两个长相相似的亲兄弟，该怎么办呢？计算机会不会出错？

计算机肯定会出错。计算机当然能够区分两兄弟，但如果对面是同卵双胞胎，它也可能会分不清。计算机会不会出错，主要取决于计算机所用的技术和传感器的类型。除了图像识别，有的计算机采用三维信息技术和摄像头，从面部提取三维点，以便进行识别。通过给计算机提供更详细的信息，可以将错误率降到最低，甚至让计算机获得区分相似面孔的能力。

● 能骗过这种人工智能吗？或许通过改变一个人的发型就可以做到？

面部识别是一个复杂的问题，它采用的是全新、先进的技术。但是，它仍然会在技术上遇到很多问题。曾有人测试过面部识别的算法，也就是在同一个人的不同状态（比如，不同的发型、眼镜、妆容）或不同的年龄阶段（即展示同一个人的两张照片：一张拍摄于多年前，另一张拍摄于最近）下进行测试。结果，计算机顺利通过测试，并取得了不错的结果。

但是，如果我们足够了解面部识

别技术，就可以轻松骗过它的算法。这并不奇怪，即使是我们人在区分人脸时，也有可能犯错。

“关于面部识别，还有一个有趣的主题，被称为‘反电子欺骗技术’：机器需要知道它是在识别一张脸，还是在识别这张脸的照片。”

——维托里奥·穆里诺

思考

我们无法通过观察动物的脸来对它们做出准确的区分，但是动物也有自己的独特性和个性。研究单一物种行为的生态学家证实，每个个体都有一张特殊的“面孔”。人与一群同种动物长时间相处之后，都能给每只动物起不同的名字，并按照每只动物各自的特性区分它们。

研究者最近发现，即使是与我们截然不同的动物，如小鸡，也会在破

灵光一现

自我识别！

所需物品

几张不同的照片
书写材料

1 拍摄一些人脸照片。所有玩家人手一张照片，而且只能自己查看。
2 拿起纸笔，写下你认为构成照片中人脸特征的要素。最容易区分的是眼睛、鼻子或嘴巴。但是，如果你仔细观察，你还会注意到其他要素：颧骨、眉毛、瞳孔的大小、下巴的形状、额头等。
3 现在，你有一分钟的时间来收集房子里的物品，用来创造面孔。它们需要反映出你写在纸上的要素和每张面孔的特点。你有30秒的时间，来用找到的物品创造面孔。
4 在30秒结束时，试着猜一猜每位玩家创造的面孔分别属于哪张照片。谁猜对的面孔最多，谁就是赢家。

这个步骤就类似于面部识别！你已经确定并认识到了构成某人面部特征的要素，并把它们变成了一个识别信号发送给其他人。不过在这个游戏中，识别信号是由物体发出的。

壳而出后立即掌握辨认面孔的能力。

神经科学家乔治·瓦洛蒂加拉（Giorgio Vallortigara）表明，小鸡能够分析脸部，区分五官排列是无序还是有序的。这可能是因为小鸡和人类一样，作为大自然中的猎物，已经经过了长时间的进化。对它们而言，要想生存，最关键的能力便是在树叶或草丛中迅速辨认出一张面孔或某个活物，以识别潜在的敌人或捕食者。

在人的大脑中，有一整个部分都是用于辨认、识别人脸的。然而，人类总是容易过度使用这种能力：有一种疾病叫作关联紊乱症，它会把我们见过的事物弄得极端混乱。当我们看着一朵云或一座山的轮廓时，有时会产生错觉，觉得看到了一张正在看着我们的脸。有时，我们的大脑也会让我们产生错觉，在四下无人的地方看见人脸!

3 关于面部识别要记住的3件事

- 在电子游戏中，我们可以拥有一个与自己的面孔一模一样的化身。
- 面部识别在绝大部分情况下都能起作用，但它可能会区分不了同卵双胞胎。
- 即使改变了发型和妆容，计算机仍然能认出你来。

我们与意大利国家研究委员会信息学和远程信息学研究所所长**米莫·拉福伦扎**（Mimmo Laforenza）聊了聊计算机。

为什么
计算机会崩溃?

如果你同时按下几个键，计算机就会进入过载状态，一时不知道该怎么办。

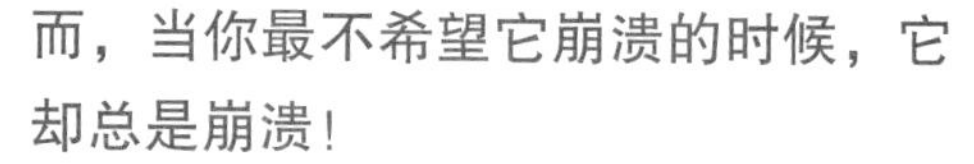

计算机特别会挑时间，在一部电影看到高潮部分、在电子游戏通到最后一关、在我们即将写完一封重要的信件或电子邮件时，它会突然崩溃。它会停止通信，画面卡住，不再理会我们发出的指令。这会让用着计算机的人也很崩溃，计算机究竟为何突然停止运作呢?

我们总觉得计算机无懈可击。然而，当你最不希望它崩溃的时候，它却总是崩溃!

计算机崩溃时，人们往往会觉得难以置信。这是现代社会常见的“小闹剧”。如果我们理性地分析一下，便会发现有很多原因会导致这一后果。其实，计算机和所有机器一样，都十分脆弱。

然而，计算机的崩溃往往会让

如果计算机突然崩溃，原因有很多……

运行程序过多

计算机过热

电脑病毒攻击

内存使用即将达到上限

硬件或软件故障

可采取的补救措施

删除不再需要的文件

查杀病毒

更新软件

改进冷却系统

关闭某些占内存的程序

用户很焦虑，促使他做出下意识的冲动反应。比如，有人会拔掉插头；有人会长按电源按钮；有人会在心里祈祷，祈祷它能重新开始工作；有人会感到窘迫不安，仿佛自己做了错事；有人甚至会在看到屏幕上显示的提示信息（电脑已被错误关闭）后深感自责。

所有这一切都证明，近年来，在人类与机器相处的过程中，已经产生了新的问题。

什么是“计算机”？

计算机是一种可被编程的机器：人们向它发出指令，使其执行操作、完成任务。

写作、上网冲浪、做PPT，要想使用相关程序，计算机需要有一个存储器，这一记忆部件至关重要，就像记忆对于人而言也是十分关键的。人脑的记忆力十分有限，但是，“辅助记忆”可以帮助我们，比如在笔记本上写下重要事项。而计算机则不同，它只有一个中央存储器，里面包含了所有待执行的程序（也就是由程序员编写的指令）。

所有程序都会被上传至存储器中。此外，还有一个被称为CPU（“中央处理器”的缩写）的实体。中央处理器会在存储器中寻找指令，阐释、理解、执行指令。

计算机主要由四个实体部分组成：存储器、执行指令的控制单元、输入设备以及输出设备（也被称为外围设备，两种最典型的输入和输出设备分别是键盘和显示器）。

计算机的类型多种多样，有的小到和移动电话一样（它每秒能够进行数十亿次计算），也有体积巨大的计算机（它每秒能够进行一千万亿次计算）。

什么是计算机的“核心”，或者说计算机的“神经中枢”？

根据“冯·诺依曼方案”[以最早提出该方案的科学家约翰·冯·诺依曼（John von Neumann）命名]，计算机主要由四个部分组成。但是，如果非要给计算机确定一个核心部件，那肯定是计算机主板。它是一块电子板，上面安装着CPU、数量足以满足应用需求的存储器等。正是由于计算机主板的存在，所有组件才能进行协作、传输信息、通过特定渠道交换信息等。

为什么计算机有时会崩溃？

计算机崩溃的原因有很多。其中一个主要原因，是因为软件是人类编写的，它和所有人造物一样，多多少少都会有些缺陷和漏洞。比如，程序员可能会在创建某个程序时犯些小错，所以程序在接收到某些不适配的输入信息时就会自动停止。在这种情况下，当时正在运行的应用程序就会突然崩溃。

新研发的计算机属于多任务型计算机，也就是说，它可以处理多个不同的问题。但是也有可能出现下列情况：下载到存储器中的待执行程序过多，其大小超过了存储器的容量，这时计算机内将会掀起一场争夺“内存资源”的竞赛，整个系统将会崩溃，完全无法运作。

计算机也可能因为别的原因崩溃：一些黑客或许会通过网络、U盘或“社会工程”技术，用病毒攻击计算机，病毒会蔓延开来，让整个系统崩溃。

当然，也可能是由于硬件故障。在某些时候，某个外围设备可能会突然停止运作。那么，试图从该外围设备获取信息的软件将无法收到它所寻找的信息，并且难以立即弄清原因，此时它或许会向计算机的其他组件发出错误的原因信号。这将引发一连串的问题，最终也可能导致计算机的全面崩溃。

发生这种情况时我们应该怎么做？关掉计算机，然后重新启动吗？

千万不要立刻关机，这样会有丢失数据的风险。如果计算机在你用它写作、绘画或做演示时突然崩溃，在关机前一定要想清楚，因为执行这一操作可能会丢掉之前所有未保存的信息。

面对这种情况，首要的解决方案是尝试找出问题所在。你需要同时按下有关按键（这些键在不同类型的计算机中位置也不同），调出“任务管理器”：它会显示那一刻正在运行的所有程序。

如果损坏不严重，任务管理器会向你提供计算机运作的相关信息：哪些应用程序正在运行，哪些应用程序已经暂停运行。你可以尝试关闭所有正在运行的应用程序、占用大量CPU或内存的应用程序。

但是，这无法保证在最近一次保存之后所做的工作不会丢失。

“如果你的电脑感染了病毒，问题就会变得更加复杂。有些病毒可能会十分顽强，因此有必要配备一个最新的、高效的杀毒软件，它可以避免这种问题。”

——米莫·拉福伦扎

计算机关机后，它就不会再做任何事了?

如果拔掉插头或断掉电源，计算机就真的关机了，它不会再执行任何操作。

但是我们想知道完成工作后，究竟是关闭计算机好，还是保持开机状态更好？这个问题就更复杂了。

运行中的机器会消耗能量，也就是电力。此外，正如当汽车发动机运行时，其移动的活塞和气缸会因摩擦和热量而受到磨损，电子元件往往也会随着使用而受到磨损。如果计算机处于开机状态并与网络连接，那么，此时它就十分容易受到黑客的攻击。因此，最好在不使用时关机。

思考

科学家研究了人对计算机崩溃的反应，以及一般情况下人对无法正常运作的技术的反应，这可以帮助我们了解人类的思维方式。

当一项技术令我们失望时，我们可能也会像面对身边的人一样，对它释放自己的不满情绪。如果计算机一直以来都运作顺畅，那么我们将很难想象它会突然停止运作，因为我们拥有善于归纳总结的大脑，所以我们想当然地认为计算机是可靠的。计算机崩溃会使我们陷入一种情绪危机：我们一时惊慌失措，不知该如何应对，便开始乱按键盘、狂点鼠标，即便我们心里清楚这无济于事。这种情况在电梯里也时有发生：当电梯运行非常缓慢时，有的人会一直狂按上下按钮，即便他们明白这样做了也不会有任何帮助。

我们的这种心理暗示其实是一种迷信：我们总觉得按按钮这个动作与电梯的到来之间存在因果关系，尽管从理性层面看，两者之间并不存在任何实际联系。计算机也是如此，尽管它无法读懂我们的意图，我们仍然会对着它说话，在它崩溃时向它祈祷、恳求它运作，甚至对它做出承诺，期待它重新启动。

这在科学领域是一个非常重大的发现，因为它表明人类在本质上是“万物有灵论者”，也就是说，我们倾向于赋予物体一种意图、一种思想。

正如伟大的作家翁贝托·埃科（Umberto Eco）曾经说过的那样，对我们而言，技术是神奇的，换言之，我们并不知道它为何能发挥作用，但是我们信任它。我们会将技术视为生活伴侣，并逐渐与它建立联系。然而，一旦技术辜负了我们的信任，我们就会感到愤怒。

灵光一现

秘密代码

所需物品

纸

用于书写的两支钢笔或铅笔

1 首先，你得选择代码：使用1和0将每个字母与八位的数字序列联系起来。例如，字母“a”用11000000来表示，“b”用10100000来表示。

2 一名玩家用编码字母写一条信息，另一名玩家负责翻译这条信息。然后角色互换，继续玩下去。自己选择要写的句子，记得用空格将字母与字母（即一个八位数序列和另一个八位数序列）隔开，这有助于分辨每个字母。

3 在尝试了几个简单句后，使用同样的代码，开始下达指令，如“站起来，直走，然后右转”。你很快就会意识到，自己非常容易犯错。有时，即便是极其微小的错误，也足以让翻译信息的人感到一头雾水。

计算机主要使用一种由数字1和0组成的语言，人们将这种语言称为“二进制代码”。有时候，一个微小的错误就足以让计算机停止运行。那些参与计算机编程的工作人员必须与二进制代码打交道，而这种代码与我们习惯的语言和其他代码截然不同，操作起来并不容易。

3 关于计算机要记住的3件事

- 软件是由人编写的，因此它不是无懈可击的。
- 当计算机崩溃时，与它交谈毫无用处，因为它无法理解我们的意图。
- 当计算机崩溃时，最后的无奈之举才是关机。

我们与意大利国家研究委员会（CNR）信息学和远程信息学研究所的研究员**毛里奇奥·特斯科尼**（Maurizio Tesconi）聊了聊算法。

什么是 算法?

算法是计算的规则。

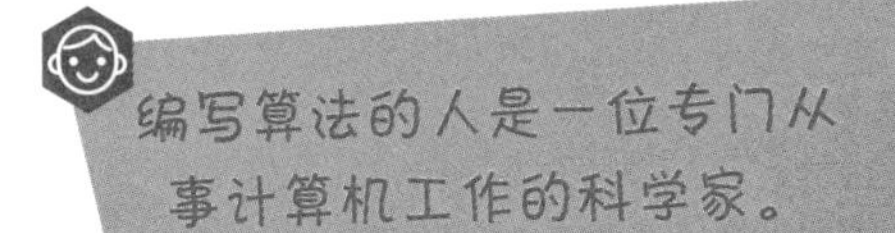

算法由计算机编写。

我认为，“这是算法决定的”这句话的意思是：这是根据数学做出的决定，是正确的。

通过算法，我可以教一个机器人用口香糖吹泡泡。

设想一下，如果解决某个问题只需要按照一定的顺序完成一些步骤，而且我们不想在这上面花费很多的时间，那么计算机就是为了做这种工作而制造的。

算法就在我们身边，它驱动着人工智能，引导我们做出某种选择。

程序由一系列的逻辑推理、数学计算和最基本（无法再细分）的操作步骤组成。程序的数量应当有一定的限制，且能够由执行它的计算机明确阐释。此外，程序还必须在规定时间内执行任务。任务结束后，算法必须针对问题给出一个明确的答案。“也许”或“这取决于”等模棱两可的答案并不适用，像“42”这样的荒谬答案更会让人笑掉大牙（在小说《银河系漫游指南》中，通用算法在被问及宇宙的意义时给出的答案是“42”）。

算法的规则非常严格，但是，人

们无法完全遵守这些规则。

什么是算法?

算法是计算机为解决一个特定问题而执行的一系列步骤。

计算机是一个非常智能的工具。但是，从某种角度来看，它并没有我们想象的那么智能。它的专长在于执行某些特定的任务，例如，迅速执行大量的指令。但这些指令都由程序员发出，它的运作主要归功于程序员的智慧。

所谓编程，就是编写一个由许多小步骤组成的序列，通过程序计算机能完成一个具体的任务。

世界上第一个算法，是在19世纪上半叶由一位女性阿达·洛夫莱斯（Ada Lovelace）编写的，它的编写时间远远早于计算机的诞生时间。后来，这门编程语言以“阿达”命名，就是为了纪念她的卓越贡献。

算法究竟有哪些用途?

算法主要用于解决一个问题，可以是简单的计算，也可以是比较复杂的问题，如识别人脸或驾驶汽车。

人工智能已经取得了巨大的进步。我们已经设计出了先进的算法，它们足以在围棋比赛中击败世界冠军。在这一方面，AlphaGo软件可以观察人们参与的几百万场围棋游戏，并从中学习如何下棋，然后通过实战进一步提升自身的技能。

“学习如何编写算法并不需要掌握任何复杂的数学概念。我在小学四年级就学会了编程，这多亏了一本康懋达64（COMMODORE 64）电脑基础手册。”

——毛里奇奥·特斯科尼

要想编写一个算法，需要采取什么方法?

需要把待解决的问题细分为许多个连续的小步骤。例如，如果我们想把刷牙转化为一种算法，就需要把动作分解成以下步骤：手握牙刷，将牙膏挤在牙刷上，按照设定次数用牙刷摩擦牙齿……

我们经常听到这样一句话：“这是算法决定的！”这究竟是什么意思呢?

我们越来越依赖计算机做出的决定。例如，飞机凭借机载计算机才得以飞行；我们需要使用导航仪，通过算法寻找抵达目的地最快或最不拥堵的路线。而在日常生活中，算法也无处不在：流媒体音乐服务会提供根据我们的兴趣定制播放列表，并试图了解我们的喜好，以便推送我们喜欢的音乐，或许还能推送我们可能喜欢的新艺术家。

算法给我们提供帮助，使我们的

生活更加便捷，这是积极的一面。当然，它也有消极的一面，例如，算法会自动过滤掉我们原本想要了解的信息和新闻。

● 那算法会站在我们的角度为我们做选择吗？

算法不会替我们思考，因为无论是要听的音乐还是要走的路线，我们做出的决定与电脑的建议总会或多或少有些不同。但是，算法肯定会影响我们的日常生活。

● 算法正在进入我们的生活，或许我们都没有意识到？

自从计算机普及以后，它已然成为我们生活的一部分。汽车上配有车载计算机和许多传感器，帮助我们停车、刹车或避免交通事故。在洗衣机、洗碗机、电视机中都配有计算机，其中都有算法。就连我们在互联网上获取信息时，也会用到算法：只需输入一个关键词，搜索引擎便会给出很多个相关结果，然后由算法决定这些结果的显示顺序。

● 社交网络中也有算法吗？

是的，不过这也容易造成一系列问题。通常，在社交网络上，我们会关注很多人，关注以后便可看到他们所有的帖子。社交网络上有成千上万的内容，而算法会有意识地过滤信息，并试图根据我们个人资料上所显示的信息，展示我们可能最感兴趣的帖子。

这种现象被称为“过滤气泡”。然而，在这种情况下，这些算法并不能给我们带来任何实际的好处：它们可能会将我们封闭在一个“气泡”之中，将我们的视野局限于与自身想法相一致的范围。近年来的研究也正在证实，获得经过过滤的信息会使人们对自己的看法坚信不疑，难以与他人达成一致意见，这种信息会让持不同意见的人之间的距离越来越远，从而引发争论。

● 那么，我们需要学会自我保护，使自己免受算法的影响吗？

算法本身并不危险，而正确掌握算法才是保护自己的重要前提条件：我们需要了解自己个人信息的用途，知道这些信息如何被操纵。这可以帮助那些不想受算法影响的人。

目前，算法仍由程序员（即人类）负责编写。或许有一天，我们能成功设计出自行编写算法的人工智能。在此之前，我们需要计算机科学家努力创造出尽可能正确、符合道德规范的算法。

● 算法会被愚弄吗？

是的，有一门学科叫作“对抗性

橙汁算法

开始

我渴了！

1 取一个橙子、一把刀和一个杯子

2 用刀将橙子切成两半

3 你把所有的橙子都切了吗？是，去到第4格；否，回到第2格

4 将半个橙子扣在榨汁机上

5 转动半个橙子，直到把果汁榨干

6 橙子里还有果汁吗？是：回到第5格；否：继续前进

7 重复第4格的操作，榨另一半橙子

8 重复第5格的操作

9 橙子里还有果汁吗？是：回到第8格；否：继续前进

10 重复第4格和第5格的操作，榨所有的橙子

11 橙子里还有果汁吗？是：回到第8格；否：继续前进

12 将橙汁倒入杯中

13 请慢用！

橙 汁 算 法

机器学习”，它试图诱导算法出错。

人们可以用特殊的技巧愚弄自主学习的算法（例如，可以驾驶汽车的算法）：只需给它们引入一些错误的例子，就能轻松实现。如果你让计算机把停车标志阐释为绿灯，就很容易造成交通事故。

● **如果我只看冒险片，算法也只会给我推荐冒险片，那么它是聪明还是愚蠢呢？**

它既不聪明也不愚蠢，它只是按照编程行事。我们应该尝试看更多东西，而不是仅仅满足于算法的推送。

思考

我们不知道究竟是谁发明了算法，但是我们知道这个名字来自一位名叫阿尔·花剌子模（al-Khwarizmi）的先生，他的名字（Khwarizmi）拉丁化后就变成了“算法”（Algorithm）一词。

他是一位生活在公元9世纪的杰出的波斯数学家，同时也是一位非常优秀的天文学家、占星家和地理学家。他在巴格达工作，是该市大型图书馆的负责人。他将希腊、古波斯、巴比伦和印度的数学作品翻译成了阿拉伯语。阿尔·花剌子模创立了代数，纠正了托勒密的地理知识，为当时已知的整个世界绘制了绚丽的地图，并在其中加入了精美的星历表。他是一位非凡的科学家，通过发明算法（即运算的程序）找到了解决线性方程和二次方程的方法。他的作品后来被译为希腊语和拉丁语，成为西方数学的基础。

阿尔·花剌子模的故事告诉我们，所有文明的根源都是相互交织在一起的，思想会迁移、融合，因不同文化之间的碰撞而变得丰富多彩。欧洲的思想基础在很大程度上来源于伊斯兰地区和这些伟大的穆斯林科学家。当时，巴格达是世界科学研究的中心，它把整个世界的知识都融为一体，这要归功于当时极高的宗教宽容度。然而，文化的发展并不一定以渐进的方式进行：语言、文化和宗教曾经那么繁荣的地区，今日仍然深陷于无休止的宗教战争，充满了极端不平等现象。

灵光一现

算法

所需物品

彩色卡纸：红色、绿色、蓝色、黄色各一张

记号笔

剪刀

胶水

1 做一个简单的动作，比如吃一个核桃。然后在一张纸上写下“吃核桃”所需完成的必要步骤：拿起核桃，敲碎外壳，把核桃送进嘴里。然后，思考一下可能会发生的一些意外情况，比如，选择的核桃可能是空心的。想一想，你会如何解决这些意外情况。将上述内容全部写在纸上。

2 从黄色和蓝色卡纸上剪出若干张长方形纸片。在黄色的长方形纸片上分别写上你所确定的吃核桃的基本步骤。在蓝色的长方形纸片上分别写下可能出现的意外情况，以问题的形式表现出来。比如，“核桃是实心核桃吗？”然后，从红色卡纸和绿色卡纸上各剪出一个菱形纸片，在第一个菱形上写“否”，在第二个菱形上写“是”。

3 在一张纸上，按照正确的逻辑顺序，粘上写有步骤的黄色长方形纸片，并用箭头连接起来。而在黄色长方形纸片的一侧，则可粘贴蓝色的长方形纸片（写有可能出现的意外情况）：在每个问题下面，都分别会连接一个绿色的菱形纸片和一个红色的菱形纸片。将每个菱形纸片用箭头分别与黄色长方形纸片上可能的解决方案相连，直到创造出几条能够实现从起点到最终目标（即吃核桃）的可行路线。现在，你已经创建了一张流程图，它就是一张简单的算法图！

3 关于算法要记住的3件事

- 人在任何年龄段都可以学习编写算法。
- 世界上第一个算法由一位女性——阿达·洛夫莱斯编写而成。
- 算法很强大、很实用，但它无法代替我们进行思考或选择。

我们与帕多瓦大学物理学讲师、核聚变领域研究员**皮耶罗·马丁**（Piero Martin）聊了聊核能。

人们是否能够
在实验室里重建太阳？

太阳内部的核聚变过程会释放大量能量。

我觉得，太阳内部有一些小球，使它保持恒温并随机旋转。

如果要在实验室中重建太阳，我会把大量的熔岩结合在一起。

我想拥有自己的太阳，这样我就能始终保持温暖。

我不想独享太阳，我想把它送给我最好的朋友。

使星星发光的能量是核聚变产生的，也就是在超高温和重力的压缩作用下发生的原子核的聚合。核聚变会释放出巨大的能量，使星星在天空中闪闪发光。

一些科学家正试图在地球上制造小星星。

如果能够制作一个太阳副本，即使是一个小小的副本，那也将是极具革命性的一步。

在科学界，我们只将非常特殊的发现视为“革命”，而这一发现或许就称得上一次“革命”。这是一个伟大的愿望，几乎难以想象。因为一旦成功，人类将会拥有取之不尽、用之不竭的清洁能源，这将改变整个世界！我们将攻克全球变暖问题、使石油边缘化，甚至消除各国间频繁的资源冲突、战争……

然而，问题在于这项工作难度极

大。要想制作太阳副本，必须达到非常高的温度，这需要大量的能量。不仅如此，我们还需要控制它所产生的所有炽热气体，并将它储存起来。这是一个美好的技术挑战，需要巨大的创新能力和想象力。

● 什么是太阳？

太阳是一颗恒星。在长达约40亿年的时间里，太阳持续将其能量传输至地球，使地球上的生物得以生存。

太阳看似体积巨大，但实际上只是一个黄矮星。这个“矮”字会令人感到难以置信，因为太阳的体积是地球的130万倍。

● 太阳内部会发生什么？

太阳是由炽热的气体组成的巨大球体。就目前的元素而言，太阳主要由两种气体组成——氢和氦，前者约占太阳质量的71%，后者约占太阳质量的27.1%。由于其大小和质量，太阳内部存在着非常强的引力，使组成它的氢原子的原子核融合在一起。

原本，电荷会导致氢原子核相互排斥。然而，如果某种东西能够使它们足够接近，那么原本倾向于将它们彼此分离的力就会被一种核力压倒，转而促使其融合。而在太阳内部，引力非常强大，足以做到这一点。

在这个核聚变过程中，太阳能够获得能量：这就是太阳的动力。这一动力会到达其表面，并在整个太阳系中传输，一直传输到地球。

● 因此，核聚变主要在太阳内部进行！

太阳内部的重力会将氢原子的原子核融合在一起，从而引发核聚变。原子核是位于所有原子中心的“心脏”，电子都围绕它旋转。通过这种方式，核聚变会产生一种更重的新元素，并释放出能量。

● 这种“魔法”能在实验室中重现吗？

这就是一些科学家正在尝试做的研究：“偷”出一小块太阳，把它关在特殊的盒子里，然后带回地球的聚变实验室。他们正试图在实验室中“点燃”这一小块太阳，使其产生能量。

● 这些能量可以用来做什么？

这些能量最主要的用途是生产清洁能源。今天，人类对能源需求巨大，我们迫切需要环境友好型能源，使用非化石能源和不产生二氧化碳的能源是很重要的。

● 谈到核能，人人都认为它有风险。它究竟是否危险？

核能肯定不会带来危险。

然而，通过操纵原子核获得的第一种能量形式是裂变能，它是通过分离原子（即打破原子）形成的，而非通过聚合原子形成的。从如今的反应堆中获得

一个小太阳

氢原子的原子核融合在一起，产生氦和大量的能量。

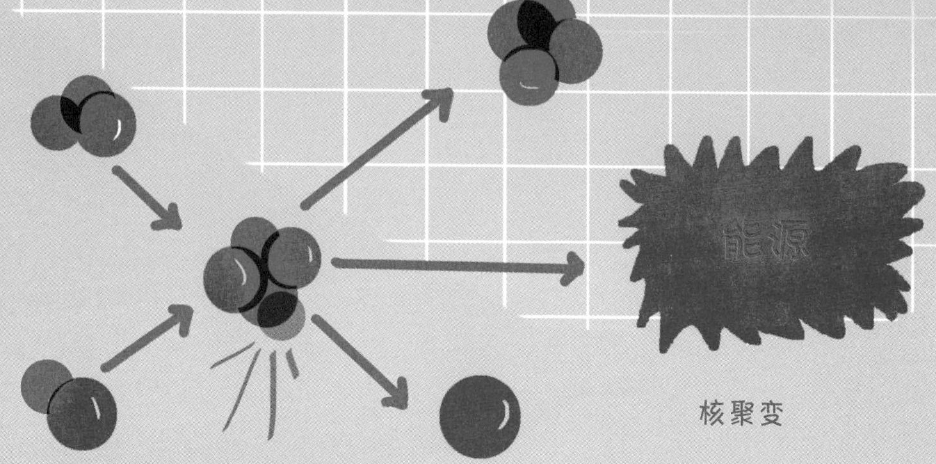

核聚变

科学家正试图利用特殊的反应堆在实验室中再现核聚变。

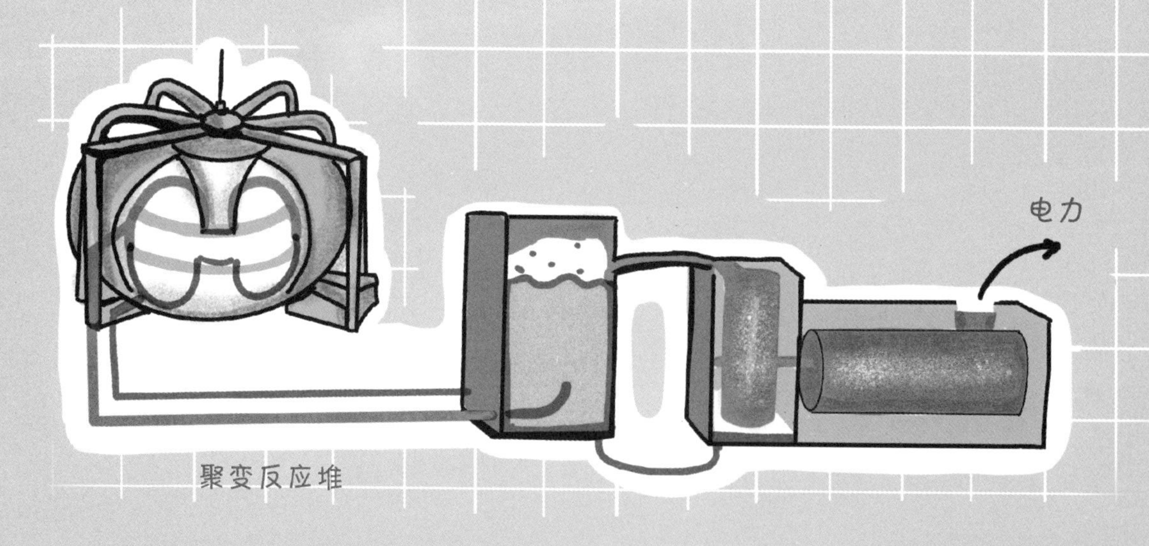

聚变反应堆

的裂变能量会产生废物，即产生放射性垃圾，而且它们需要很长时间来降解，因此会对人类造成危害。此外，裂变电站可能会发生严重事故（如福岛核泄漏、切尔诺贝利事故），“核电”一词这才具有负面含义。

而聚变则截然不同，因为它不会产生长期存在的放射性废物。聚变反应堆不会引起像切尔诺贝利那样的事故。核聚变过程被称为“亚临界”：如果发生一些灾难（例如，地震、飞机坠毁），反应就会直接结束。

核聚变反应堆将使用水、氘（氢的同位素，从水中获得）和氚（氢的同位素，由地球上非常丰富的矿物“锂”制成）作为燃料，而且，该反应的消耗量的确非常少。

● 重建一个微型太阳需要多长时间?

还需要几十年的时间，这个过程相当复杂。而在太阳上，聚变过程则显得很容易，因为它的大小适用于聚变反应。地球上的科学家们无法复制太阳的大小，因此他们被迫使用更精细、更复杂的技术。无论是在科学层面还是在技术层面，这个过程都很困难。

> **“为一座拥有百万居民的城市供电大约一年，需要消耗核聚变发电厂大约六十千克的燃料，这与目前需要的数十万吨石油或煤炭相比显得微乎其微。”**
>
> **——皮耶罗·马丁**

● 在实验室重建的阳光下，人能美黑吗?

不能，人不能借助人造阳光美黑。但是以此获得的光在许多不同领域都起着重要作用：它可以用于医学或处理材料表面。如果想要美黑，还是建议去海边，记得多涂点防晒霜。

思考

核聚变的发现是一个引人入胜的故事，也展现了人类是多么神奇的存在。

20世纪30年代，核子和原子的聚变效应被发现，这一发现主要归功于汉斯·贝特（Hans Bethe）的努力，他是一位移居美国的德国物理学家。

然而，这一发现有利有弊：我们

既可以用它来生产无限的能源，也可以用它来制造炸弹。氢弹便是由此诞生的，它是一个名副其实的“怪物”，早在著名的曼哈顿项目实验室项目进行时，洛斯阿拉莫斯的专家就已经对此展开了构想。这个想法其实非常简单：引爆一颗装有一筒氢气的原子弹，其原子会因另一颗原子弹产生的高温而熔化。非常不幸的是，这个实验已经取得了成功。

氢弹威力大，体积小，易处理。1952年，研究者在太平洋中部的一个小岛上进行了首次试验，该岛最后被夷为平地。这种炸弹实在过于危险，因此，当有人要求曼哈顿项目主任罗伯特·奥本海默（Robert Oppenheimer）从事氢弹的开发工作时，他拒绝了邀请并表示不愿再牵涉其中。如今，此类极其危险的炸弹已经占据了世界上的核武库的绝大部分空间，这使得战争比过去更加可怕。因此，新技术已经将讨论的焦点从“如何赢得战争”转移到了“如何避免此类战争”。

灵光一现

用太阳烹饪

所需物品

一个圆形厨房碗
厨房用铝箔
保鲜膜
橡皮泥
一根牙签
一朵棉花糖

1 应在一个温暖、有光的日子里进行实验。首先，拿起碗，在里面铺上铝箔。在碗的中央放上一团橡皮泥球，用牙签刺穿棉花糖。将牙签插在橡皮泥球上，然后用保鲜膜封住碗，将所有东西置于阳光下。

2 15至20分钟后，棉花糖将开始熔化，并变得温热起来，我们就可以尝一尝啦。你已经建造了一个太阳能烤箱：铝会反射照射在它上面的太阳光，将阳光聚集到碗的内部，也就是棉花糖所在的地方。而保鲜膜则有助于保留太阳的热量。

3 关于太阳要记住的3件事

- 太阳看起来虽然很大，但它实际上是黄矮星。
- 聚变是由原子产生的，这些原子原本相互排斥，但是由于重力的作用，这些原子最终会发生聚变。
- 人不能借助人造太阳美黑，但在未来，我们可以用它的光做许多其他事情。

致谢

你先列出数字“1”，然后在后面加上一百个“0”，你写下的就是一个“古戈尔”，一个巨大无比的数字。然而，再大的数字也不足以囊括我们想要表达的感激之情。

与此同时，我们还想对那些已经被遗忘在历史长河中的科学家致以诚挚的歉意。我们甚至可以邀请阿涅斯·索纳托（Agnese Sonato）（一位相当优秀的研究者）提出一项关于“如何让歉意倍增”的精彩实验：这在带给我们乐趣的同时，也能聊表我们的歉意。

首先我们要感谢玛塔·马扎（Marta Mazza）和萨拉·迪·罗萨（Sara Di Rosa），是她们在米兰的蒙特罗萨大道上选中并主动联系我们：“我们是你们的忠实听众，广播和播客的内容非常精彩，把它做成一本书吧。”除此之外，还要感谢萨拉：感谢她的耐心与毅力，感谢她的包容与谅解，感谢她在深夜仍通过电子邮件与我们沟通。在此，我们也因对她造成的各种不便诚挚道歉。

我们还要感谢瓦伦蒂娜·卡梅里尼（Valentina Camerini），她十分细致地将我们的口语文字翻译成了书面语，她所付出的辛苦努力，都足以让她获得好几个新兴科技学位了！

其次，我们要向所有的研究人员及科学家表示由衷的感谢，感谢他们愿意与我们一同合作，用通俗易懂的话语为我们讲授专业知识。

如果没有他们的贡献，这本书将无法面世！

当然，这也得益于意大利国家研究委员会（CNR）的大力支持，在委员会的一众研究所中，众多优秀的研究者兢兢业业，让本书得以面世。

他们都是触碰、预告未来的技术先驱。其中，两位热情的专家：马可·费拉佐利（Marco Ferrazzoli）和亚历山德拉·佩德兰盖鲁（Alessandra Pedranghelu）给我们提供了关键的帮助。此外，我们还要感谢热那亚的教育技术研究所，这是我们接触创新领域、与创新者取得联系的另一个媒介。我们经常前去拜访瓦莱里亚·德勒·卡夫（Valeria Delle Cave），在她的引荐下与各位专家展开交谈。同样，我们还求助了国家地球物理学和火山学研究所（INGV）、国家天体物理学研究所（INAF）、欧洲航天局（ESA）、国家核物理研究所（INFN）和国家计量学研究所（INRiM）。所有大学和研究中心都对我们的邀请做出了热情的回应，这令我们备受鼓舞。

第三个感谢致以意大利24号电台和Audible（有声书应用），这两个平台为此书的创作提供了丰富的资源、多样的工具、广阔的交流空间和负责的人员队伍，使其得以面世。亚历山德拉·斯卡里奥尼（Alessandra Scaglioni）从一开始就对这本书抱有信心，她一步步跟随我们去构思和实现。在此，我们对斯卡里奥尼，以及24号电台的法比奥·坦布里尼（Fabio Tamburini）（台长）和塞巴斯蒂安诺·巴里索尼（Sebastiano Barisoni）（副台长）表示衷心的感谢。此外，我们还要感谢众多技术人员、编辑、助理、营销人员和数字极客，他们都为这个项目花费了诸多的时间和精力。

最后，我们还要郑重感谢佐伊、达维德、埃利亚、玛尔塔、朱莉娅、比安卡、塞西莉亚、费德里科、艾玛、盖亚、马蒂亚、雅各布、尼科洛、托马索、阿曼达、伊莎贝拉、玛蒂娜、莱昂纳多、卢卡、马蒂尔德、保罗（感谢拉维尼娅老师的宝贵合作）以及所有的小朋友与青少年，是他们用稚嫩的声音提出许多精彩纷呈、轻松有趣的问题，使严肃的科技知识变得生动活泼、富有色彩。

为儿童和青少年讲述知识，也能让我们自身得到进一步的发展。

特尔莫（Telmo）和费德里科（Federico）